海缆工程技术丛书

U0174210

海底电缆后保护技术

主　编　郭　强

副主编　张维佳　岑贞锦　黄小卫　赵　刚

参　编　李晓骏　蔡　驰　吴　聪　陈奕钪

　　　　汲　广　蒋道宇　张　鹏　韩玉康

　　　　谌　军　吴青帅　曾开宇　吕泰龙

　　　　许文杰

机械工业出版社

海底电缆后保护技术，就是综合应用工程技术、防护技术等保护手段，在海底电缆全寿命运行期内，保护海底电缆安全的技术。本书主要研究并提出海底电缆寿命期后保护技术的理论、种类、方法，通过技术防护和管理防护相结合的方式，来解决海底电缆后保护问题。

本书全面系统地介绍了海底电缆运行维护过程中后保护的技术要求，从影响其安全的因素、面临的安全威胁等角度出发，基于海底电缆埋深、路由监控等系统阐述了预防海底电缆被外力破坏的技术手段及要求，重点描述了运行维护过程中裸露及悬空段海底电缆基于抛石坝的后保护修复技术的原理、试验论证方法、施工装备要求、现场施工要求及注意事项、现场验收等。本书内容深入浅出，简明扼要，方便读者学习阅读。

本书可作为海底电缆研究、设计、运维、施工、监理等相关技术人员的参考用书，也可作为高等院校海底电缆相关专业的教学用书，还可作为海底电缆工程技术人员的培训教材。

图书在版编目（CIP）数据

海底电缆后保护技术/郭强主编. —北京：机械工业出版社，2023.7

（海缆工程技术丛书）

ISBN 978-7-111-73342-3

Ⅰ.①海…　Ⅱ.①郭…　Ⅲ.①海底电缆–保护　Ⅳ.①TM248

中国国家版本馆 CIP 数据核字（2023）第 106512 号

机械工业出版社（北京市百万庄大街 22 号　邮政编码 100037）

策划编辑：付承桂　　　　　责任编辑：付承桂　舒　宜
责任校对：薄萌钰　张　薇　　封面设计：鞠　杨
责任印制：张　博
北京建宏印刷有限公司印刷
2023 年 9 月第 1 版第 1 次印刷
169mm×239mm · 9 印张 · 173 千字
标准书号：ISBN 978-7-111-73342-3
定价：79.00 元

电话服务　　　　　　　　　网络服务
客服电话：010-88361066　　机　工　官　网：www.cmpbook.com
　　　　　010-88379833　　机　工　官　博：weibo.com/cmp1952
　　　　　010-68326294　　金　书　网：www.golden-book.com
封底无防伪标均为盗版　机工教育服务网：www.cmpedu.com

前 言

　　海底电缆受到强洋流冲刷，导致裸露、悬空情况出现，一般而言这是影响海底电缆安全的最为主要的自然因素。海底电缆在裸露、悬空状态下，容易受到外力破坏，也可能受激，产生不规律振动，导致海底电缆各层材料出现疲劳损伤。海底电缆的修复工程费用高昂，动辄几百上千万元，更有甚者可能过亿元。

　　沧海何曾断地脉，珠崖从此破天荒。亚洲第一，世界第二，一条被誉为"海底生命线"的海底电缆横亘琼州海峡，使海南电网与南方电网主网紧紧相连，南方电网成为真正意义上的一张网。它结束了海南岛近百年电网孤岛的历史，发挥了巨大的电力安全保障作用，点亮了海南自由贸易港上的万家灯火，被誉为海南电力供应的"生命线"和"定海神针"。

　　本书从了解影响海底电缆安全的因素开始，到分析海底电缆面临的风险，随后对海底电缆的各类后保护方式进行介绍，最后详尽地阐述抛石保护的全部流程及注意事项。编者结合海底电缆运维实际经验和工作案例编写本书，望能给相关专业人士提供参考，如有不尽之处，欢迎及时指出，不胜感激。

编　者

2023 年春于海南海口

目　录

第 1 章

影响海底电缆安全的因素

海底电缆简称为海缆，影响其安全的因素主要有海缆自身因素、人为因素和自然因素。

1.1 海底电缆自身因素

海缆敷设在海洋中，会遇到复杂的海洋环境（例如海底的高压环境、腐蚀环境和侵蚀环境等）、不同的海底地貌形态（海沟、海底山脉、海底丘陵以及裸露岩石等）、人类活动区（捕捞区、锚区等）和海底不稳定区（地震多发区、海底滑坡区和移动沙波区等）。这就要求海缆本身具有较强的抵抗恶劣环境的能力。为使海缆能够具有这样的能力，就需要给海缆加铠装（保护层）。根据所加铠装的厚度、材料和层数的不同，海缆类型使用范围和保护程度也不同，见表 1-1。在应用时，可根据不同的海底底质状况和环境特点，选择不同类型的海缆。从使用范围和自身保护特征分析，水深越浅，海洋环境越恶劣，要求海缆的自身保护能力越高，因为这些地区往往是海缆破坏的多发区。对于海缆自身保护能力的提高，主要靠使用材料和结构的改进，但这将导致海缆制造费用的升高。

表 1-1　海缆类型使用范围和保护程度

海缆类型	使用范围	特性
轻质海缆	良好海底、深水区，特别是水深大于 1500m 海区	最小保护
保护性轻质海缆、屏蔽性轻质海缆和特殊应用性海缆	有少量基岩的海底、受鲨鱼攻击的海区、深水区，特别是 1000~3000m 海域	磨损保护
单铠装轻质海缆	多岩石地区、拖鱼作业区、中深度陆架区、水深小于 1000m 海域，该型号的海缆特别适合用于埋设	埋设期间保护
单铠装海缆	较多岩石区、拖鱼作业区、中深度陆架区、水深小于 1000m 海域	附加现场保护

（续）

海缆类型	使用范围	特性
双铠装海缆	破浪带、珊瑚礁、火山岩区、拖鱼作业区、浅水区、水深小于200m海区	附加现场保护
多铠装海缆	破浪带、海底不稳定区、拖鱼作业区、较浅水区、水深小于100m海区	附加现场保护

1.2 人为因素

人为因素对海缆的安全影响主要是指人类的海洋活动对海缆的破坏。人类的海洋活动包括海洋渔业活动、海洋航运和海洋工程作业等。海洋渔业活动与海洋航运对海缆威胁的方式主要是渔业活动中捕捞渔具对海缆的威胁和船锚对海缆的破坏（锚害）。海洋工程作业对海缆的威胁相对较小，它主要包括海底挖沙和海底管线敷设等。通过对历史上海缆破坏数据的统计，人为因素造成的破坏量占到了海缆损坏总量的2/3。

1.2.1 捕捞渔具对海底电缆的破坏

就作业方式而言，捕捞渔具可分为非接触海底渔具和接触海底渔具。非接触海底渔具不接触海底，因而对海缆不构成直接威胁，只有当海缆因其他原因悬空时（例如沉积物运移造成海缆悬空）才可能威胁海缆的安全。这一类型的渔具主要有旋围网、流刺网、浮曳网、底延绳钓具、曳绳钓具、集鱼装备等。接触海底渔具直接接触海底，有些还需要部分刺入海床一定深度，因而，它们是对海缆威胁的主要设备（例如定置网、拖网等）。所有这些渔具中拖网对海缆威胁最大。

拖网是渔业活动中应用最为广泛的捕捞渔具。一般拖网需要多艘大功率的船只拖动，拖动速度为 4~7kn（节）（1kn = 1.852km/h）。由于拖网宽度大（宽为12m左右）、质量大（拖网均有拖门，拖门质量为2~4t，最大的质量达10t），所以扫过的区域面积大，刺入海床的深度也较深。一般而言，当拖网扫过海底时，拖门刺入海床的深度可达0.2~0.3m。在非常软的海床或多次扫过海床的同一地区，刺入深度都有可能加深。它们的作业范围主要是浅海或近岸海域。

挖贝类的工具与拖网十分相似，下部带有爪，靠重量刺入海床一定的深度，通常扫海床一次，深度可达到0.2m。如果多次扫过同一地区海床，这个深度值可能增加，作业范围也主要集中在浅海和近岸海域。

由于原先的海缆直接敷设在海底，拖网或挖贝类渔业设备直接钩挂或拖拉海缆，会造成海缆严重破坏。随着科学技术的发展和海缆安全性要求的提高，海缆被要求埋设在海底，埋设深度不断加深。现在一般的埋设深度要求为 0.6 ~ 1.0m，有的地区要求 1.5 ~ 3.0m 或更深。这使得渔业活动对海缆的破坏率大大降低，但是威胁仍然存在。渔业活动造成的每年海缆的破坏量如图 1-1 所示，它显示了 20 世纪 90 年代自海缆可监测以来，渔业活动造成的每年每 1000km 海缆的破坏次数。从整个趋势上看，海缆的破坏量不断减少，这是海洋渔业科技发展的结果，也是海缆敷设技术发展的结果，因而要想较好地保护海缆免受人为因素威胁，就必须提高科学技术，不仅在渔业开发方面，也要在海缆埋设方面。

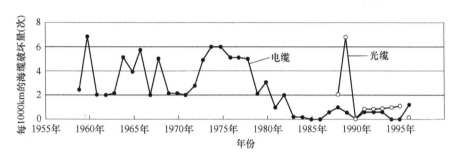

图 1-1　渔业活动造成的每年海缆的破坏量

1.2.2　锚害

锚害是威胁海缆的另一种人为危害。在海缆破坏的历史中，锚害占人为因素对海缆破坏总量的 1/3。锚对海缆的破坏方式主要是锚刺入海底，将海缆刺断，或起锚时钩挂海缆，将海缆拖断。锚的种类有很多，用途也各不相同，其中对海缆威胁最大的是船锚。船锚的类型不同，刺入海床的深度不同（特别是在松软的黏土质海床），对海缆的威胁程度也不相同。锚害和渔业活动一样，对海缆的威胁主要发生在大陆架海域。锚害的历史统计数据显示，船锚对海缆的破坏大多数发生在水深小于 200m 的海域。尤其在近岸区，锚害更为严重，因为 70% 的锚害发生在水深小于 50m 的海域，20% 发生在小于 10m 的海域。这说明锚害主要局限于近岸区，可能是近岸区船只活动频繁的缘故。图 1-2 显示的是锚对海缆的破坏变化曲线。由图可看出，看锚对海缆的破坏次数在增加，原因可能是人类大力开发海洋的结果。

船锚设计主要是利用自身重量刺入海床，产生拉力，固定船只。然而，刺入深度不要求太深，以便于起锚时减小困难。海底底质类型差别较大，不同的锚刺入海床的深度不尽相同，所以为了更好地防止锚害，最好是了解锚与其刺入海床深度的关系。

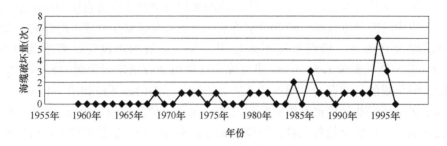

图 1-2　锚对海缆的破坏变化曲线

船锚的类型很多，但是标准船锚均适用于 Lioyds 分类原则。根据对多方面成果的研究和分析，总结出标准船锚与其刺入海床深度之间的经验公式，即：

$$h = a\ln W + b \tag{1-1}$$

式中　　h——刺入海床深度；

　　　　W——标准锚重；

　　　　a，b——系数（这两个系数受多种因素的影响，例如海洋环境、海床土质类型及其特征等，具体值可通过试验确定。例如，通过对海床硬黏土层和中密砂层中标准锚入土深度的试验数据分析，确定的 a 和 b 的值分别是 0.38 和 0.83）。因受较多因素的影响，该公式的应用不具有普遍性。例如，对于不排水抗剪强度小于 20kPa 的软黏土层或摩擦角小于 30°的砂土层，该公式就不适用，原因是前者土层质地太软，后者易于液化。

了解了锚与它刺入海床深度的关系，便可以根据海缆路由勘察资料，确定不同海域海缆需要埋设的深度，从而有效地保护海缆。

1.2.3　海洋工程

海洋工程作业也可威胁海缆安全，因为它的威胁程度较小，无人对其破坏量进行统计，但这种威胁一定存在。海底采砂不会直接造成海缆破坏，但由于采砂作业可能令海缆外露或悬空，为海缆的破坏造成隐患。进行海底管线敷设施工时，往往要遇到与已存在的海缆进行交叉的情况，这也可能造成海缆破坏。

1.3　自然因素

除海缆自身因素和人为因素以外的对海缆安全的影响因素均为自然因素。影响海缆安全的自然因素从成因上可分为地质环境因素和生物因素。地质环境因素又可分为海底腐蚀性和海底不稳定性等因素。影响海缆安全的自然因素多以潜在形式存在。对海缆安全而言，有些是可以避免的，有些是难以预料的。在海缆敷设施工前，要进行详细的勘察和分析，尽可能地避开威胁海缆的自然因素。由海缆破坏的历史统计数据分析，自然因素导致的破坏占破坏总量的1/3。

1.3.1　地质环境因素

1. 海底腐蚀性因素

海底腐蚀性因素包括腐蚀因子和腐蚀作用。腐蚀因子包括底质类型、底层水的pH值、盐度、温度、沉积物的pH值和Eh值、泥温、硫化物含量、硫酸盐还原菌、电阻率等。腐蚀作用主要是在这些因子的影响下对海缆进行氧化还原腐蚀和电化学腐蚀。在这些影响因子中，海底沉积物的底质类型与海缆的埋设以及埋设后海缆的稳定性、安全性和使用寿命密切相关；pH值、盐度、温度等一般对海缆的威胁很小；Eh值、硫化物含量、硫酸盐还原菌是腐蚀海缆的主要因子。Eh值高的区域通常将会对海缆造成电化学腐蚀；硫化物含量、硫酸盐还原菌浓度高的区域将对海缆造成氧化还原腐蚀。不同的海域中，各种腐蚀因子的含量不同，对海缆的腐蚀程度也不同。现在由于海缆自身技术的发展和材料的改进，抵抗腐蚀作用的能力不断增强，海底腐蚀性对海缆的威胁影响不断减小。

2. 海底不稳定性因素

海底不稳定性因素多以潜在的形式存在，包括海底滑坡、沉积物运移，海底地震、海底浊流和碎屑流等。

（1）海底滑坡　海底滑坡的发生一般需要外界因素的引导，但是一旦发生将会直接将海缆剪断或使海缆暴露在海底，为其他威胁海缆的因素破坏海缆提供条件。由于海底地形地貌复杂，在地震、海啸、风暴潮等外界因素影响下，均可能发生滑坡。因而，在海缆施工前对海缆路由区海底滑坡的合理评价，可以有效地保护海缆的安全。

（2）沉积物运移　沉积物运移需要外界动力（例如波、潮、流等），运移程度不仅与外界动力的大小有关，还与沉积物的粒度大小和密实程度有关。一般来说，外界动力越大，沉积物被冲刷的速度越快，沉积物移动的距离就越大；沉积物粒度越小，密实程度越松散，沉积物就越易移动。沉积物的运移对海缆并不造成直接的威胁，但是它的移动有可能将埋设的海缆暴露或悬空，从而易使其他因素破坏海缆。沉积物的运移在很多海域均有发生，例如欧洲北海南部地区沙波一个月内运移距离为3m，深度变化为0.5m。这样的运移速度很容易造成海缆外露和悬空。所以，在海缆敷设施工前也需要对路由区沉积物的运移进行详细的勘察，尽可能选择沉积物稳定或运移相对缓慢的海域，以确保海缆的安全运营。

（3）海底地震　海底地震具有很大的偶然性和不确定性，没有明显的规律。海底地震破坏海缆的概率很小，但是一旦发生，可能对海缆造成灾难性破坏。

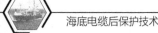

（4）海底浊流和碎屑流　海底浊流和碎屑流是海底的两种动力流，它们对海缆的威胁表现在两个方面。一方面，在海缆直接放置于海底的海域，它们会对海缆直接冲刷，导致海缆破坏；另一方面，浊流和碎屑流的发生伴随着海底沉积物的运移，这样将使得海缆裸露或悬空，从而间接威胁海缆的安全。

1.3.2　生物因素

生物因素对海缆的威胁在所有的影响因素中是最小的，例如凿岩生物仅对海缆铠装造成轻度的破坏。但是在海缆破坏的历史中，也存在生物严重破坏海缆的例子，例如1989年跨大西洋的TAT-8海底光缆的破坏，很多学者认为是鲸咬的结果。

1.4　小结

在海缆敷设和运营期间，对海缆威胁最大的是人为因素，其次是自然因素。自然因素通常以潜在的形式存在，两种因素相互影响，相互作用。它们对海缆的威胁有些是可以避免的。对它们的防治，主要是在敷设施工前对海缆路由进行综合评价，通过分析评价选择威胁因素相对较少的路由，从而尽可能地减少自然因素对海缆的破坏。人为因素对海缆的威胁方式较多，主要集中在渔具和船锚两个方面。对于人为因素的影响，最好的方法首先要发展科技，用尽可能少的花费将海缆埋设在人为因素不能危及的海底；其次要加强宣传，让人们自发地保护海缆安全。

第 2 章

海底电缆、光缆面临的船锚威胁

2.1 海底光缆锚害的分析

2.1.1 海底光缆锚害的数量和比例

Tyco 电信（Tyco Telecommunications）和 ASN（Alcatel-Lucent Submarine Net-works）这两家机构分别对 2004—2006 年全球海底光缆的故障进行了统计。根据这两家机构的统计，各种海底光缆的故障百分率如图 2-1 所示。

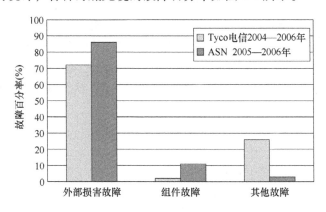

图 2-1　各种海底光缆的故障百分率

如图 2-1 所示，海底光缆故障可以分为三类：外部损害（External Aggression）造成的故障、组件（Component）故障和其他故障。从 Tyco 和 ASN 的数据可以看出，绝大多数的海底光缆故障是外部损害造成的，外部损害造成的故障分别占总数的 72% 和 86%，而由于结构的原因造成的故障只占了 2% ~ 11%，而其他原因造成的故障分别为 26% 和 3%。

外部损害造成的海底光缆故障来源包括渔业活动、航运等人类活动，也包括

地壳运动、磨损等自然原因。

各种外部损害造成的海底光缆故障百分率如图 2-2 所示。在外部损害造成的海底光缆故障中，渔业活动和航运造成的海底光缆故障占外部损害造成海底光缆故障总数的 80% 左右，渔业活动是造成海底光缆故障的主要因素，占外部侵害造成的海底光缆故障总数的 60% 以上，航运造成的海底光缆故障占海底光缆故障总数的 15% 以上，而渔业活动导致的海底光缆故障主要是由渔船作业使用的船锚造成的。

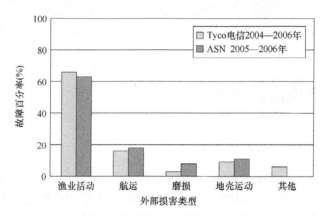

图 2-2 各种由外部损害造成的海底光缆故障百分率

1993—2007 年全球海底光缆故障的统计也表明了这一点。如图 2-3 所示，1993—2007 年全球海底光缆共发生了 340 次故障，其中有 156 次是渔业活动造成的，占海底光缆故障总数的 46.9%，航运造成的海底光缆故障为 79 次，占总故障的 23.2%，渔业活动和航运造成的海底光缆故障共 235 次，占故障总数的 69.1%。

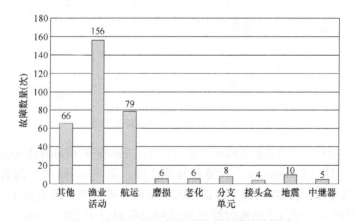

图 2-3 1993—2007 年全球海底光缆故障统计

此外，我国舟山地区海域 2005 年 11 月—2008 年 9 月 10 条海底光缆共发生

17 次海底光缆故障，其中 10 次故障为渔船船锚造成，占该次统计海底光缆故障总数的 58.8%，4 次是航运船锚造成的，占该次统计海底光缆故障总数的 23.5%，3 次为其他原因造成的，锚害造成的故障占海底光缆故障的 82.35%。

以上的统计数据表明，锚害造成的海底光缆故障次数占外部损害造成海底光缆故障总数的 80%左右，占所有海底光缆故障的 70%左右，在有渔场分布的海域，锚害造成的海底光缆故障次数占海底光缆故障总数的比例更高达 80%以上，所以锚害是海底光缆的主要威胁，它造成了大部分的海底光缆故障。

2.1.2　海底光缆的锚害类型

损害海底光缆的船锚可以分为三类：渔业船锚、航运船锚和海洋工程施工船船锚，相应的海底光缆锚害也可以分为三类：渔业锚害、航运锚害、海洋工程施工船锚害。

1. 渔业锚害

随着捕捞船只的增加，渔业锚害对海底光缆的危害越来越严重，2001 年中美海底光缆汕头至上海段的海底光缆在 2 月和 3 月前后，仅间隔一个月就发生了两次通信中断，造成这两次海底光缆通信中断的原因均为渔锚的钩挂。渔船作业方式有张网类、挑张网类、围网类、拖网类等，常见的渔船作业船锚的入土深度见表 2-1。

表 2-1　常见的渔业作业船锚的入土深度

锚	底质		
	坚硬海底，剪应力大于 72kPa 的黏土或岩石	软硬适中的海底，剪应力在 18~72kPa 之间的砂及砂砾黏土	松软海底，剪应力在 2~18kPa 之间的淤泥、泥沙及软黏土
张网类渔船的锚	<0.5m	2.0m	>2.0m
挑张网类围网类渔船的锚	<0.4m	0.6m	1~3m
拖网类渔船的锚	<0.4m	0.5m	>0.5m

张网类渔船中的帆张网渔船捕捞时定位所使用的安康锚对海底光缆的危害最为严重。帆张网是江苏渔业部门结合本地机帆渔船特点设计的，适宜在水深 50~60m 的海域作业，在水深达到 80m 的海域也可以作业。

安康锚是帆张网的定位锚，如图 2-4 所示。安康锚的锚齿长度为 2.3m，锚杆长度达到 4.2m，锚重可以达到 1200kg，一艘渔船可以携带 5~6 个这种类型的船锚。由于网具加上安康锚的重量很大，如果渔船在松软海底底质抛锚，则安康锚的大部分或者全部埋入海底，贯入松软海底底质的深度可以达到 2~3m。帆张网因为海水潮流的影响，在海水动力作用下产生漂移，抛入海底的锚在帆张网的拖动下也会产生移动。在大的风浪下，锚在海底的移动量很大，最大的移动量可以达到3~4n mile（海里）(1n mile＝1.852km)，并且锚在移动时还会回转，回转的角度最大可以达到360°。如果帆张网作业渔船在埋设有海底光缆的附近海域抛锚，该海域的海底光缆很容易受到安康锚的损害。例如，安康锚曾经多次造成中日、中美海底光缆的损坏。

图2-4　帆张网渔船定位使用的安康锚

除了帆张网外，挑张网类作业方式的渔船抛锚也很容易造成海底光缆的损坏。这种作业方式的渔船两舷各有一个渔网，所使用的锚重量为几百千克，属于四齿锚，锚齿的长度在1m以上，虽然这种船锚的质量比安康锚的质量小，并且这种锚入土深度也比安康锚的入土深度浅，但是由于顶流作业，在大的风浪下，船体受的力比较大，很容易造成走锚，埋设深度比较浅的海底光缆容易受到这种锚的损坏。

2. 航运锚害

海底光缆的路由一般会避开航道，离锚地有一定的距离，但是航运锚害仍然是造成海底光缆故障的重要原因之一，对海底光缆的危害仅次于渔船锚害，航运船舶多次造成中国联通深圳—珠海海底光缆的损坏。航运船舶闯入海底光缆附近海域的禁锚区随意抛锚，以及船舶发生故障和遇到大风大浪时被迫在海底光缆附近海域就地抛锚都可能造成海底光缆的故障，其中船舶随意抛锚是造成航运锚害最主要的原因。航运船锚损害海底光缆的示意图如图2-5所示。

航运船只使用的锚包括海军锚、霍尔锚、斯贝克锚、马氏锚、单福尔式锚、四爪锚等锚型，锚的重量从几十千克到上万千克不等。吨位小的航运船只一般见于江河，海上的航运船只吨位比较大，吨位为2500t~3.5万t，锚的重量在2~10t，锚入海底的深度超过2m，对埋深1.5m和3m的海底光缆都会造成损害，一旦钩住海底光缆，巨大的拉力将直接钩断海底光缆。各型船锚的锚抓力和入土深度见表2-2。

图 2-5　航运船锚损害海底光缆的示意图

表 2-2　各型船锚的锚抓力和入土深度

锚重/kg	锚抓力/t	入土深度/m	船舶吨位/t	锚型
<50	<0.34	<1.0	<50	海军锚、霍尔锚、马氏锚、单福尔式锚、四爪锚等
50~100	0.34~0.69	<1.5	50~100	
100~200	0.69~1.03	<1.5	100~200	
200~500	1.03~3.57	<1.5	200~500	
500~1000	3.57~7.01	<2	500~1000	
2000	13.9	2	2500~2700	霍尔锚占 90%，斯贝克锚占 10%
3000	20.8	>2	3500~7500	
5000	34.8	>2	8000~13500	
6000	41.8	>2	12000~16000	
8000	55.7	>2	25000	
9000	62.6	>2	28000	
10000	69.0	>2	35000	

3. 海洋工程施工船锚害

海洋工程施工船因为配备的锚数量多，且锚的质量比较大，一旦这种船舶在埋设有海底光缆的附近作业，将会造成海底光缆致命的损坏。例如，在东海大桥建桥时，打桩船、起重船及混凝土搅拌船就造成过中日海底光缆的损坏。海洋工程施工船排水量很大，大多是箱型船体，所受水阻力很大，为了能够在海上稳定地作业，需要配备几只锚，最多的有 10 只锚，锚的质量也很大，一般在 5~8t 或者更重，锚型大部分是入土深度很深的大抓力海军锚，它的入土深度在 2m 以上，不同吨位的海洋工程施工船的船锚抓力和入土深度可以参考表 2-2。

2.1.3　海底光缆锚害发生的海域

根据 Tyco 电信对国际海底光缆故障发生的水深统计，外部损害造成的海底光缆故障在不同水深的分布如图 2-6 所示。

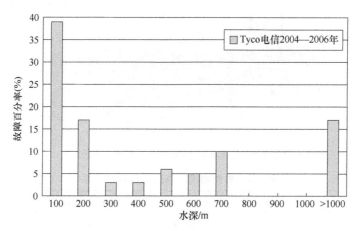

图 2-6 外部损害造成的海底光缆故障在不同水深的分布

由图 2-6 可以看出，大部分的海底光缆故障发生在水深 200m 以内的海域，其中近 40% 这样的故障发生在水深小于 100m 的海域，这是因为海底光缆的渔业和航运锚害主要发生在水深小于 100m 的地方。

东亚地区海底光缆故障大部分都发生在大陆架浅水区，这是因为大陆架浅水区渔业捕捞和海洋开发活动频繁，航运船只密集，海底光缆的锚害非常严重，而船锚的锚链长度一般也不超过 200m，船锚没入海水的深度在 200m 以内，所以海底光缆的锚害都发生在 200m 以内水深的大陆架。

我国海域面积及深度见表 2-3，我国海域的特点是大陆架纵深远、岛屿众多，除了台湾以东海域和南中国海水深较深，超过 1km 外，一般水深都在 100m 以内，渤海和黄海的平均深度分别只有 18m 和 44m。我国舟山地区海域 2005 年 11 月—2008 年 9 月 10 条海底光缆共发生 17 次海底光缆故障，其中 10 次故障发生在离海底光缆的登陆点 2km 之内的近岸区域，1 次故障发生在登陆点人井，6 次故障发生在海底光缆路由中部。发生于海底光缆路由中部的 6 次海底光缆故障中有 4 次在锚地附近，2 次在海底光缆浅埋区域，水深均在 50m 之内。

表 2-3 我国海域面积及深度

海区	面积/(×10⁴km²)	深度	
		平均深度/m	最大深度/m
渤海	7.7	18	70
黄海	38	44	140
东海	77	370	2719
南海	350	1212	5559

通过分析可以看出，船锚造成的海底光缆故障大部分发生在大陆架海域，特别是靠近海底光缆登陆点的近岸海域，其次是锚地。船锚造成的海底光缆故障发生在水深 200m 以内的海域，并且最常见于水深在 100m 以内的海域。我国各海域的水深比较浅，有些地方的海底光缆故障则发生在水深 50m 以内的海域。

综合以上海底光缆锚害的分析可以得出以下结论：海底光缆锚害造成了大部分的海底光缆故障，占海底光缆故障总数的 70% 左右，在有渔场分布的海域，锚害造成的海底光缆故障占海底光缆故障总数的 80% 以上。海底光缆锚害包括渔业锚害、航运锚害和海洋工程施工船锚害，其中渔业锚害最为常见。海底光缆锚害绝大部分发生在海洋活动频繁的大陆架海域，此海域水深在 200m 以内，并且发生在水深为 100m 以内海域的锚害最多，我国有些地方的海底光缆故障则主要发生在水深 50m 以内的海域。

2.2　海底电缆的锚害分析方法

2.2.1　船只与锚的对应关系

船舶舾装数取决于船体的尺寸，它是反映船舶受风流作用力，用于决定船舶必备锚、锚链和系船缆的参数，锚泊设备及锚大小的配置需要根据舾装数大小进行配备。

根据法国船级社（BV）钢结构船规范（B 部分，第 10 章，第 4 节），舾装数 EN 由式（2-1）计算：

$$EN = \Delta^{\frac{2}{3}} + 2hB + 0.1A \tag{2-1}$$

式中　Δ——夏季载重线的型排水量（t）；

h——从夏季载重水线到最上层舱室顶部的有效高度（m）；

B——船宽（m）；

A——舾装长范围内，夏季载重水线以上的船体部分和上层建筑以及各层宽度大于 $B/4$ 的甲板室侧投影面积的总和（m^2）。

最底层甲板室的"h"应在该室中心线处自上甲板量起，或如上甲板有局部不连续时，则自假设的甲板线量起。

船舶舾装是指船体主要结构完成，舰船下水后的机械、电气、电子设备的安装。船舶的舾装就是除船体和船舶动力装置以外的所有船上的东西，舾装数与锚泊设备的关系可参照 BV 船只类型表，见表 2-4，用来保守估算配用锚重和锚链尺寸。

表 2-4　BV 船只类型表

船只类型	排水量 Δ/t	船宽 B/m	有效高度 h/m	侧投影面积 A/m^2	舾装数
船 小型	1000	15	7.5	65	331.5
船 中型	5000	20	10	120	704.4018
船 大型	20000	24	14	250	1433.806
渔船	100	10	5	30	124.5443
客轮 小型	3000	15	8	70	455.0084
客船 中型	5000	20	10	120	704.4018
拖船	100	10	5	30	124.5443
油轮 中型	30000	29	15	320	1867.489
集装箱 中型（1000TEU）	13500	22.5	20	400	1506.964
集装箱 大型（5000TEU）	60000	40	24	600	3512.619

依据表 2-4 得出 BV 船型、排水量及锚重关系，见表 2-5。

表 2-5　BV 船型、排水量及锚重关系

船只类型	排水量 Δ/t	舾装数	无杆艏锚	
			锚数量	每个锚重量/kg
货船 小型	1000	331.5	3	1020
货船 中型	5000	704.4018	3	2100
货船 大型	20000	1433.806	3	4320
渔船	100	124.5443	2	360
客轮 小型	3000	455.0084	3	1440
客船 中型	5000	704.4018	3	2100
拖船	100	124.5443	2	360
油轮 中型	30000	1867.489	3	5610
集装箱 中型（1000TEU）	13500	1506.964	3	4590
集装箱 大型（5000TEU）	60000	3512.619	3	10500

对舾装数小于 50 的小型船舶，依照相应的规范，选择锚数为 2，锚重统一取 120kg（见表 2-6）。

表 2-6　舾装数小于 50 的船舶的锚泊设备

锚尺寸		锚链尺寸		
			直径/mm	
锚数	每个锚质量/kg	总长/m	1 级	2 级
2	120	192.5	12.5	11

选择船舶较常用的霍尔无杆锚作为分析对象。如图 2-7 所示为霍尔锚的外形图。表 2-7 列出船型排水量对应锚重和锚尺寸。

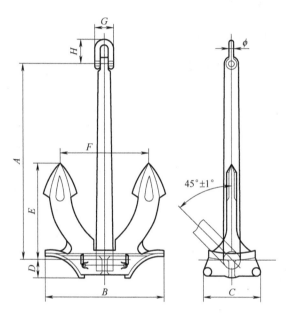

图 2-7　霍尔锚外形图

表 2-7　船型排水量对应锚重和锚尺寸

船只类型	排水量 Δ/t	舾装数	每个锚重量/kg	A[①]	B[①]	C[①]	$D+E$[①]
货船 小型	1000	331.5	1020	1600	1126	512	825
货船 中型	5000	704.4018	2100	2020	1407	623	1020
货船 大型	20000	1433.806	4320	2784	1889	780	1384
渔船	100	124.5443	360	1220	860	380	630
客轮 小型	3000	455.0084	1440	1800	1245	550	895
客船 中型	5000	704.4018	2100	2020	1407	623	1020
拖船	100	124.5443	360	1220	860	380	630
油轮 中型	30000	1867.489	5610	2788	1952	846	1394

(续)

船只类型	排水量 Δ/t	舾装数	每个锚重量/kg	$A^{①}$	$B^{①}$	$C^{①}$	$D+E^{①}$
集装箱 中型 （5000TEU）	13500	1506.964	4590	2784	1889	780	1384
集装箱 大型 （5000TEU）	60000	3512.619	10500	3502	2452	1086	1751

① 与图 2-7 对应。

2.2.2 锚与锚链的对应关系

依据表 2-4 得出锚重和锚链尺寸关系，见表 2-8。

表 2-8 锚重和锚链尺寸关系

船只类型	排水量 Δ/t	舾装数	无杆舾锚		锚链数据			
			锚数量	每个锚 重量/kg	总长/m	直径/mm		
						1级	2级	3级
货船 小型	1000	331.5	3	1020	357.5	32.0	28.0	24.0
货船 中型	5000	704.4018	3	2100	440.0	46.0	40.0	36.0
货船 大型	20000	1433.806	3	4320	550.0	66.0	58.0	50.0
渔船	100	124.5443	2	360	247.5	19.0	17.5	0
客轮 小型	3000	455.0084	3	1440	412.5	38.0	34.0	30.0
客船 中型	5000	704.4018	3	2100	440.0	46.0	40.0	36.0
拖船	100	124.5443	2	360	247.5	19.0	17.5	0
油轮 中型	30000	1867.489	3	5610	577.5	76.0	66.0	58.0
集装箱 中型 （1000TEU）	13500	1506.964	3	4590	550.0	68.0	60.0	52.0
集装箱 大型 （5000TEU）	60000	3512.619	3	10500	660.0	102.0	90.0	78.0

2.3 工程面临的锚害分析

一般在海底电缆的保护区附近不允许船舶抛锚，但由于偶然因素，如当风浪流等环境恶劣时船舶临时抛锚，或渔船的违规作业等都有可能发生在保护区附近抛锚。

船舶抛锚后，如果锚不能抓住海底，水深超过锚链长度的 1/3，海底泥土太软（如淤泥或黏土）或太硬，或者风浪流等环境条件太恶劣，都可能发生拖锚现象。小型的锚可能勾不住电缆。

　　抛锚是在船舶失去动力的情况下考虑的，例如距离海上抛锚区某一最大距离内的紧急抛锚。此最大距离包括在不利的风和海流的影响下向海底电缆方向漂移的可能性。锚能勾住海底电缆是有一定条件的，锚被抛到海底以后，主要通过锚刺入海床，利用土壤的阻力来提供反力从而固定船只的，船舶抛锚原理如图2-8所示。而土壤在水平方向所能提供的反力往往远大于在垂直方向提供的反力，也就是说，在所需要提供的锚抓力一定的情况下，锚链的作用方向与泥面的水平夹角越小，它所能提供的锚抓力越大；反之，夹角越大，锚抓力越小。大量的经验公式及相关研究表明，其拖拉方向与海底电缆的轴向方向的角度不能小于30°，（见图2-9）。

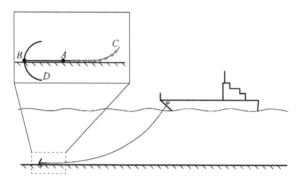

图 2-8　船舶抛锚原理

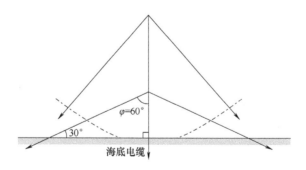

图 2-9　紧急抛锚情况下锚勾住电缆的示意图

　　对于海南联网工程所面临的锚害分析，主要通过比较抛锚时的拖锚深度与该工程电缆埋深，分析船舶抛锚是否会对电缆造成影响。

　　船只拖锚深度的计算主要目的是评估霍尔锚贯入不同抗剪强度的泥质海底的深度。当船舶正常抛锚或紧急抛锚后，锚沿海底拖动，直到在海底获得足够的抓力，足以抵抗船舶施加的荷载为止。在黏土中，锚贯入海底一定深度，所受阻力随贯入深度的增加而增加。贯入海底越深，锚在海底所受的阻力越大。同样船舶荷载的情况下，锚链所需要提供的锚抓力是一定的，对于锚重较小的锚就需要贯入土壤较深位置来获得与相对锚重较大的锚相等的锚抓力。

　　一般采用有限元工具（如 LS-DYNA）进行船锚贯穿海底能力的研究，通过建立船锚的有限元模型，模拟它贯穿海底的过程，对锚贯入路径进行预测，绘制张力与锚贯入关系图。针对每一种锚，计算并绘制不同海底地质条件下锚所受阻力与锚尖贯入深度的关系图。由于锚的最大张力不能超过锚链的断裂强度，所以锚尖的贯入深度为锚张力等于锚链断裂强度时的深度。

第 3 章

海南联网500kV海底电缆运行环境及安全威胁

多年以来，由于海峡的阻隔，海南电网一直处于孤岛运行状态，电网结构薄弱，"大机小网"矛盾突出，抗风险能力较弱。海面联网工程建成后，海南电网的安全可靠性和运行经济性将显著增强。海南省与其他省区可以实现电力互送、调剂余缺。南方电网将成为一张架构完整的大电网，大电网的优势和效益将凸显，实现在更大范围内能源资源的优化配置。

3.1 海南联网 500kV 海底电缆运行环境

琼州海峡长为 80.3km，最宽处约为 40km，最窄处仅约为 20km，南北均宽为 29.5km，海域面积约为 2400km²，为我国第三大海峡，是南海与北部湾之间的潮流通道。海峡两岸浅水海底和隆起区中度风化的玄武岩埋深小，局部出露海底。琼州海峡位于雷琼断裂的中部，属于地震多发区。海峡的底床不是很稳定，在深槽区的谷坡和谷底上及南部的侵蚀-堆积区内，广泛分布有大量的海底陡坡和沙坡，沉积物松散，易受潮流强烈的冲刷，使沉积物移动。

3.1.1 自然环境

海南联网 500kV 海底电缆路由海区处于北回归线以南、低纬、亚热带的湿润地区，属于亚热带海洋性季风气候区。路由区北岸徐闻地区的年平均气温为 23.3℃，南岸海口地区年平均气温为 23.8℃。冬季盛行东北季风，夏季多为东南季风，热带气旋活动次数为年平均 2.7 个，并且路由区的雷暴灾害较为严重。路由海区的沉积物总体质量状况良好，主要污染物铜、锌、铅、镉和油类。这些物质在海水中的含量基本上没有超标，符合《海洋沉积物质量》（GB 18668—2002）中第一类标准。

1. 海底地形

设计路由北起广东徐闻南岭村终端站，穿过琼州海峡至海南林诗岛附近终端站，7条设计路由的长度均在30km左右。

根据地形和动力地貌特征，设计路由从北向南，分别通过琼州海峡西段的北部堆积区、北部侵蚀-堆积区、中央深槽、南部隆起带和南部近岸侵蚀-堆积区共5个一级地貌单元，二级地貌单元包括小沙波、沙波、沙堤、沙丘、冲刷槽、冲刷脊和丘状突起等，人工地貌包括桩网、锚沟等。

北部堆积区北起徐闻终端站，向南至水深16m处，路由长7km，海底平缓，等深线东西走向，平均坡降为1.7‰，宽度为3～10km，水深小于20m。北部岸滩背靠灰黑色玄武岩台地，高程小，缓慢倾斜向海延伸，滨海带基本上被沉积物、残积土覆盖，岸滩西侧出露玄武岩礁石、岩块和岩砾等。海底发育有桩网和锚沟等人工地貌。

北部侵蚀-堆积区，即北部堆积区外侧，是海峡中央深槽陡坡的上部，海底地形坡度平缓，两头高，中间低，坡度较缓，水深多在20～40m，宽度多小于3km，内缘水深为16m，中间水深为20.5m，外缘是中央深槽北坡的顶部，水深为16.5m；有少量的沙波和冲蚀沟槽，地形形态简单。

海峡中央深槽区的深槽东西走向，槽底水深在80～110m，宽度为10km左右。该区是路由区海底地形最复杂的海域，海底冲刷槽冲刷脊呈东西向展布，地形剖面呈锯齿状。冲刷槽和丘状突起交错出现，存在大面积的鱼鳞状冲刷坑和沙垄、沙波地形，有的蚀余丘状突起地形是砂和砂质堆积物的浅滩。根据其地形地貌特征，由北向南将中央深槽分为中央深槽北坡、中央深槽北槽、中央深槽中脊、中央深槽南槽、中央深槽南坡五个单元。

南部隆起带水深多在10～40m，隆起带呈东南至西北方向延伸，隆起的高差超过20m，西窄东宽，北坡比南坡陡，西陡东缓，西部北坡的坡降在7°～15°，边坡曾有滑坡发生。路由水深坡面显示，隆起带北坡比南坡陡，北坡的路由水深面的坡度为6.5°左右，南坡为4.9°左右。隆起带平台表面凹凸不平，有小型冲蚀沟和丘状突起发育。从海峡中央向南有3个明显的阶梯状上升的台阶。该区水动力条件复杂，陡坡的地形起伏多变，大部分海底被沙波所覆盖，靠近海岸发育有宽度约50m的沙垄。

南部近岸侵蚀-堆积区，即南部登陆岸滩后，为灰黑色玄武岩台地，起伏较大，表面被红色残积土覆盖，植被茂盛。表面凹凸不平，有小型冲蚀沟和丘状突起发育，海底有沙波和小沙波分布，沙波走向为165°～180°，波长为12～18m，波高为0.6～0.8m，局部的沙波波高为0.8～1.2m。海岸为高10m的陡崖，海滩的高潮带附近堆积了大量的黑色玄武岩卵石等海滩岩，并有玄武岩礁石、岩块出露。

2. 海底沉积物

路由海底的表面覆盖层沉积物主要有粉质黏土、含黏性土粉砂、粉细砂、砾砂等，下伏地层以粉质黏土、黏土质粉砂、粉土、砂土为主，局部有黏土质砂夹层；在两岸浅水海底和隆起区域中度风化玄武岩埋深小，局部出露海底；在中央深槽以南的水深为50~60m的隆起地形的海底，存在珊瑚礁。

北部堆积区表层沉积物主要以粉砂黏土为主，沉积物北段有大量珊瑚和贝壳碎屑堆积，粉砂黏土的厚度一般超过5m，至海峡中央，沉积物迅速变细，上覆沉积物变为粉质黏土、砂质黏土、含黏性土粉砂和粉细砂等，下伏地层以粉质黏土、黏土质粉砂、粉土、砂土为主，局部有黏土质砂夹层。北段的厚度变小，局部厚度小于2m。

北部岸滩背靠灰黑色玄武岩台地，玄武岩台地起伏不平，向海延伸，滨海带基本被第四纪海相、海成或风成沉积物、残积土覆盖。潮间带上部以砂质沉积物为主，下部以黏土为主，路由西侧有玄武岩出露和岸线后退迹象（见图3-1~图3-3）。

图3-1 北部登陆岸滩（岸线有后退迹象）1

图3-2 北部登陆岸滩（岸线有后退迹象）2

图 3-3　北部登陆岸滩路由西侧有玄武岩出露

高潮线出现明显的陡坎地形，海岸线有后退的迹象；潮间带出露的玄武岩高出海滩，表面无堆积物，处于风化剥蚀状态。登陆岸段没有径流入海，海岸后退的迹象明显，沉积物的来源主要为海岸侵蚀的入海物质，北部岸滩处于侵蚀状态。

北部侵蚀-堆积区表层沉积物以细粉砂为主，海底分布小沙波，小沙波走向为 165°到 180°，波长为 6~8m，波高小于 0.5m，表层粉细砂的厚度较大，大多在 4~6m。

在中央深槽区，因潮流作用最强，形成了黏土质砂、粗砂、砾等粗颗粒的残留沉积物或崩塌堆积物，沉积作用较弱，在中央深槽以南水深 50~60m 的隆起地形的海底，存在珊瑚礁。

其中，中央深槽北坡上部的海底表面沉积物为粉细砂，分布小沙波，走向为 165°~180°，波长为 6~8m，波高小于 0.6m，粉细砂厚度较大，上部超过 5m，随着水深的加大逐渐变薄，在接近中央深槽北槽附近尖灭。北坡下部的海底表面沉积物为细粉砂，海底平滑，未见沙波。

中央深槽北槽表面沉积物薄，厚度约为 15cm，主要为中粗砂，含大量玄武岩、贝壳、珊瑚碎屑。中央深槽中脊表面沉积物的颗粒较粗，同样以中粗砂为主，含有大量玄武岩、贝壳、珊瑚碎屑，厚度一般小于 30cm，沙波波峰处较大。

中央深槽南槽表面沉积物的颗粒较粗，表面沉积物薄，主要为中粗砂，含大量玄武岩、贝壳、珊瑚碎屑。表层松散沉积物的厚度小于 30cm，沙波波峰处较大，下伏地层为中风化玄武岩。

冲刷脊或丘状突起上有珊瑚礁零星分布，基底为玄武岩。

南部隆起带表层松散沉积物主要为粗砂砾，含大量珊瑚和贝壳碎屑，厚度小于 30cm，有珊瑚礁零星分布，下部为可塑-硬塑具有沉积层理的黏性土和玄武岩。

南部近岸侵蚀-堆积区表面沉积物含砾和贝壳碎屑的粗中砂为主。沉积物总体质量状况良好，主要污染物铜、锌、铅、镉和油类基本上没有超标。

调查海域南、北两岸功能区符合国家第二类海水水质标准，北岸质量状况较差，南岸次之，海峡中部海域环境质量最好。

沉积物硫酸盐还原细菌检测结果表明，路由区北段 3～7km、水深为 4～10m 的海域可能是腐蚀性严重的海区。

南岸登陆海岸为高 10m 的陡崖，后滨为灰黑色玄武岩台地，台地表面被红色残积土覆盖，植被茂盛（见图 3-4 和图 3-5），登陆海滩的高潮带附近堆积了大量的黑色玄武岩卵石、块石，中潮带以下的表层沉积物以中粗砂为主，局部出现块状砾石斑。登陆海岸海滩具有明显的侵蚀后退迹象。

图 3-4　南部登陆海岸

图 3-5　南部登陆海岸路由西侧林诗岛周围玄武岩侵蚀岩滩

3. 水文环境

路由区所在的琼州海峡西口由于受海峡东西口潮波传播的双重影响，潮汐特征为全日潮。最大落潮流为西向流，最大涨潮流为东向流，且涨潮流大于落潮流。

路由海区的潮汐性质为正规全日潮，该海区多数天数一天出现一次高潮和一次低潮（大潮），潮差较大，潮位曲线比较正规；少数时间一天出现两次高潮和两次低潮（小潮），潮差较小，潮位曲线不规则。

电缆路由海区处在海峡西部较为狭窄的跨海断面上，由于受海峡狭管效应的作用，潮流流速比较大，南北登陆段近岸海区的流速虽然相对琼州海峡较小，但最大流速仍超过 1.00m/s。电缆路由区近岸浅水区余流流速在 0.06～0.15m/s，流速不大，流向为东北方向，而深水区的余流流速较大，达 0.24m/s，为西向流，同时大潮期间的余流流速大于小潮期间的余流流速。

海口—徐闻段曾多次发生风暴潮，根据《台风年鉴》统计分析，自 1949—1991 年，影响造成海口秀英—徐闻海安海域风暴增水的台风有 63 次。

波浪是电缆维修时应考虑的重要因素。夏季和秋季是该海域的大浪季节，冬季处于弱浪季节，而且秋季波浪平均状态比冬、春季大。

琼州海峡的径流量和泥沙来源都不大，泥沙主要是以海底来沙为主，海峡西口悬沙主要沿西南方向运移，但由于潮流和波浪的作用，海底泥沙运移也显示出多向运移的状态。

电缆区的雷暴灾害较为严重，发生时间集中在 5—9 月。

4. 海上工程及海底设施

琼州海峡的海上工程及海底设施主要集中在东侧较远的海域内，路由区的海上工程及海底设施较少。海南最大的海口港秀英港二期工程已在规划论证阶段。琼州海峡海底已敷设了多条电信电缆、光缆，建设了天然气管道，琼州海峡浅层油气开发等项目也正在规划中。

5. 其他情况

电缆路由海区处于北回归线以南、低纬、亚热带的湿润地区，属于亚热带海洋性季风气候区。年平均气温北岸徐闻地区为 23.3℃，南岸海口地区为 23.8℃。冬季盛行东北季风，夏季多为东南季风，年平均风速较小，风力≥6 级出现的天数北岸约为 10 天，南岸约为 14 天。年平均降水量北岸为 1364.1mm，南岸为 1683.5mm，降水季节分配不均，干湿季明显。

路由区的新构造运动的重要表现是地震活动。1508 年以来，路由区附近发生大于 4.7 级的地震有 12 次（含大地震及强余震），历史上最大震级达 7.5 级，烈度为 11 级。

3.1.2　人为环境

琼州海峡的人为环境很复杂，主要航道、港口、锚地、养殖区较多。

1. 主要航道

琼州海峡是连接海南省和广东省最近、最方便的海上通道，也是通向我国内地和世界各地的主要海上通道，是华南地区海洋活动最繁忙的海区之一。从海峡南侧的海口港到我国广西、越南、泰国、柬埔寨等地的航线均从电缆路由区通过。

针对琼州海峡海上交通繁忙的现状，广东省海事局 2003 年制定了海上航行定线制，以规范琼州海峡海上航线，船舶在定向制区域内只能按规定的方向航行，同时这些定线制区域也被划分为禁止抛锚和捕捞区。由于本项目海底电缆路由处于航线定线制区域的外围，海上交通相对不繁忙，海底电缆的维护对船舶航行的影响相对较小。

2. 港口

路由区北侧濒临徐闻盐田区，登陆点附近有盐田码头，但规模较小，停泊着 100 米制马力 （73.55kW） 的运输船。路由区南侧有海口港马村港区和新规划的花场湾中心港区。路由区和东侧繁忙的三塘港、粤海火车轮渡码头等还有一定的距离，影响甚小。

3. 锚地

目前琼州海峡的锚地主要集中在马村港附近，多为可停靠万吨级轮船的大型锚地。海底电缆距离海口港附近的这些锚地还有较远的距离，锚害对电缆安全的威胁较小。

4. 养殖区

琼州海峡属于近海捕捞区，沿海村庄渔民拥有的多为小功率的作业渔船，捕捞规模较小。海峡北部 12m 水深以浅主要有珍珠贝养殖区，也有部分小型的养虾池，南岸海水养殖区较少。目前琼州海峡海域的开发活动逐渐向航运、港口、临港工业、海上油气等功能发展，海域内有多处禁止捕捞区，加上浪高流急，近岸捕捞和养殖业已不是该海域的主要功能，远洋渔业逐渐得到发展。

琼州海峡两岸的渔民近海捕捞的主要作业方式以定置网（俗称千秋网）作业方式为主，以拖网、刺网、钓具等方式为辅，其中定置网是对路由区电缆安全影响最大的捕捞方式。

海峡北岸的海洋渔业资源在当地渔民多种作业方式反复高强度的捕捞之下，日渐枯竭。

海峡南侧澄迈湾附近海域水产资源较为丰富，种类繁多，盛产毛虾，最高年

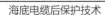
产 10 余万 t。捕捞作业渔船主要是一些 1t 左右的小船（少量十几吨的渔船）在进行浅海捕捞作业，这些渔船的捕捞作业方式有定置网和小流刺网。渔汛期为每年 5—9 月，该海域年捕捞量有 60~80t。

海峡北岸岸线为玄武岩所覆盖，水流湍急，水产养殖条件较差，有部分小型的养虾池分布，在海峡北段 12m 水深以浅有珍珠贝养殖区。海峡南岸海水养殖很少。

总体来说，海南联网 500kV 海底电缆路由区两侧近岸海洋开发活动较少，海洋功能区划相对单一，基本上避开了海安港、停泊锚地、海上油气区等海洋活动频繁的海域，同时远离现有的导航定位设施及东侧已运营的通信光缆。

3.2 海南联网 500kV 海底电缆面临的安全威胁

海底电缆发生故障的原因有很多。

海缆本身可能出现故障。电缆材料本身和电缆制造、敷设、终端制作等过程中不可避免地存在缺陷；受运行中的电、热、化学、环境等因素影响，电缆的绝缘会发生不同程度的老化，如：海缆长期超负荷运行，电缆温升过高，使绝缘加速老化，而这种老化最终会导致电缆故障的发生。

除海缆本身原因外，外界环境也会使海缆出现故障，外界环境包括自然因素和人为因素。在海缆运行期间，对海缆威胁最大的是人为因素，其次是自然因素。

海底电缆敷设在海洋中，还会遇到复杂的海洋环境，如海底的高压环境、腐蚀环境和侵蚀环境等，还会遇到不同的海底地貌形态，如海沟、海底山脉、海底丘陵以及裸露岩石。它们对海缆的威胁有些是可以避免的，有些是不可避免的。

人为因素对海缆的威胁方式较多，主要集中在渔具和船锚两个方面。

通过对历史上海缆破坏数据的统计可发现，人为因素造成的破坏量约占海缆损坏总量的三分之二。

威胁海缆的人类活动主要是指人类的海洋活动对海缆的破坏。人类的海洋活动包括海洋渔业活动、海洋航运和海洋工程作业等。海洋渔业活动与海洋航运对海缆威胁的方式主要是渔业活动中捕捞渔具对海缆的威胁和船锚对海缆的破坏。海洋工程对海缆的威胁相对较小，它主要包括海底挖沙和海底管线敷设等。

1. 捕捞和海水养殖业对海缆造成的损坏

由于我国近海渔业资源减少，传统的捕捞工具被现代化的大型渔轮及捕捞工具替代，其中以张网类中的翻杠张网和帆张网对海缆造成的损坏最为频繁和严重。

翻杠张网属于双桩竖打张网，在水流转向时，网能自动翻转迎流。一般将翻杠张网的竹桩打入海底1.5m左右、铁桩打入2~2.5m，网具间距为40m，在水深15m以浅的海域集中而广泛地布置，因此它对埋设的海缆危害很大。

帆张网是一种流动张网，适宜作业水深为50~60m，在80m水深海域也使用。造成对海缆损坏是作业方式中使用的锚称为安康锚，由于该网具与铁锚的尺寸、质量很大，铁锚抛入海底后，如遇软泥质海底，则锚全身被埋入海底，深度可达2m以上。每艘渔船可携带5~6只该类型的锚，这种安康锚曾多次造成海缆损坏。

拖网是渔业活动中应用最为广泛的捕捞渔具。一般拖网需要多艘大功率的船只拖动，拖动速度为4~7kn。由于拖网宽度大（宽为12m左右）、质量大（拖网均有拖门，大多数拖门质量为2~4t，最大的质量达10t），所以扫过的区域面积大，刺入海床的深度也较深。一般而言，当拖网扫过海底面时，拖门刺入海床的深度可达0.2~0.3m。在非常软的海床或多次扫过海床的同一地区，刺入深度都有可能加深。它们的作业范围主要是浅海或近岸海域。

挖贝类的工具与拖网十分相似，下部带有爪，靠重量刺入海床一定的深度，通常扫过海床一次，深度可达到0.2m。如果多次扫过同一地区海床，这个深度值可能加深，作业范围也主要集中在浅海和近岸海域。

2. 航运和海洋工程船只对海缆造成的损坏

损坏海缆的主要原因是这类船舶的任意抛锚，如敷设在镇江—江心洲的电力电缆、中国联通深圳—珠海海底光缆，曾屡次被航运船只抛锚损坏。在海缆破坏的历史中锚害占人为因素对海缆破坏总量的三分之一。锚对海缆的破坏方式主要是锚刺入海底将海缆刺断或起锚时钩挂海缆将海缆拖断。锚的种类有很多，用途也各不相同，其中对海缆威胁最大的是船锚。

船锚的类型不同，刺入海床的深度不同（特别是在松软的黏土质海床），对海缆的威胁程度也不相同。锚害和渔业活动一样，对海缆的威胁主要发生在大陆架海域。锚害的历史统计数据显示，船锚对海缆的破坏大多数发生在水深小于200m的海域。尤其在近岸区，锚害更为严重，因为70%的锚害发生在水深小于50m的海域，20%的锚害发生在小于10m的海域。这说明锚害主要局限于近岸区，可能是近岸区船只活动频繁的缘故。

航运船只一般使用的为霍尔锚，锚质量为2~10t，锚抓力在0.34~69.0t、入土深度为1~2m。值得一提的是，海洋工程施工船舶对海缆造成的锚害。这类船只排水量很大，且线形简单，大部分呈箱型船体，受到的水阻力较大，为了稳定地锚泊在海上进行有关作业，所配置锚数量很多，最多可有10只。由于此类船只的锚上基本不设锚链，锚泊力全部由锚提供，故锚重都在5~8t，甚至更大，锚型则都为大抓力海军锚，入土深度为2m以上。

在东海大桥施工期间，打桩船、起重船及混凝土搅拌船曾多次将埋设于海底的芦潮港—嵊泗的复合电缆和中日光缆损坏。

3. 海洋工程

海洋工程作业也可威胁海缆安全，虽然它的威胁程度较小，但是这种威胁一定存在。海底采砂不会直接造成海缆破坏，但由于采砂作业，使得海缆外露或悬空，为海缆造成隐患。在海底管线敷设施工时，往往要遇到与已存在的海缆交叉的情况，这也可能造成海缆破坏。

4. 机械损伤

由于在电缆线路上进行挖掘、堆放重物，损伤电缆外皮或金属铠装，使绝缘损伤，导致外力破坏电缆而发生故障。应分析船锚的尺寸和贯穿海底能力之间的关系，并进行海上的实物试验，得出船锚贯穿海底的能力与其自身重量及海底底质之间的关系。

通过结合锚的穿透曲线和海上试验，可以大致预测出锚的穿透深度。在该值上加上一个安全系数，所得到的埋设深度应当能够保证海缆的安全度。为了更明确地说明不同土壤强度、锚重与贯入深度之间的关系，绘制 100、500、2100kg 锚锚尖贯入深度与泥面处锚缆张力曲线（见图 3-6~图 3-8），结合锚尖贯入深度曲线，进行相关的数据统计，见表 3-1。

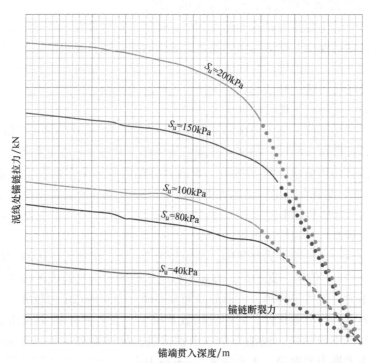

图 3-6　100kg 锚锚尖贯入深度与泥面处锚缆张力曲线

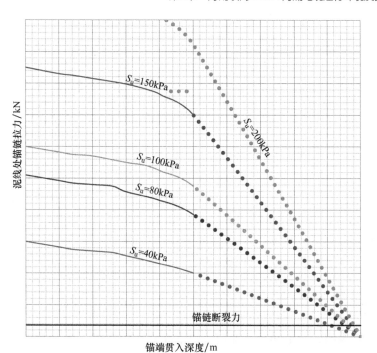

图 3-7 500kg 锚锚尖贯入深度与泥面处锚缆张力曲线

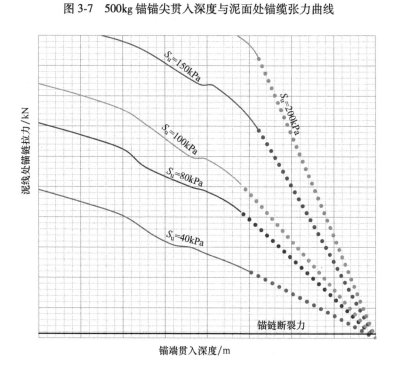

图 3-8 2100kg 锚锚尖贯入深度与泥面处锚缆张力曲线

表 3-1 不同土壤强度、锚重下贯入深度统计表 （单位：m）

安全系数 1.0 等级					安全系数 1.5 等级				
不排水抗剪强度 S_u/kPa	锚重/kg				不排水抗剪强度 S_u/kPa	锚重/kg			
	100m	500m	1000m	2100m		100m	500m	1000m	2100m
5	1.57	1.86	—	3.35	5	2.55	2.75	—	4.7
10	1.27	1.48	—	2.9	10	2.08	2.36	—	4.2
20	0.6	0.96	—	2.1	20	1.15	1.47	—	3.3
30	0.38	0.88	—	1.85	30	0.65	1	—	2.6
40	0.28	0.54	—	1.2	40	0.42	0.78	—	1.9
50	0.24	0.4	—	1.05	50	0.35	0.6	—	1.55
80	0.16	0.28	—	0.7	80	0.22	0.42	—	1.05
100	0.14	0.23	0.38	0.6	100	0.21	0.34	0.54	0.85
150	0.08	0.16	0.25	0.4	150	0.12	0.24	0.55	0.55
200	0.07	0.12	0.2	0.3	200	0.1	0.18	0.3	0.4

1）计算表明，无论锚尺寸如何，船锚在黏土中的贯入深度都随着抗剪强度的增加而迅速下降。

2）就小型渔船船锚（锚重为 100kg，船只排水小于 200t）而言，在安全系数 1.5 等级下，虽然贯入深度在极软黏土（泥面处抗剪强度为 5kPa）中可达到 2.55m，但当泥面处抗剪强度上升为 30kPa 时，黏土中的锚最大贯入深度迅速下降为 0.38m，当泥面处抗剪强度高于 80kPa 时，其在黏土中的贯入深度为 0.22m。

3）就大型船只船锚（锚重可达 2100kg）而言，在安全系数 1.5 等级下，贯入深度在极软黏土海底中可达 4.7m，但当海底抗剪强度上升为 80kPa 时，贯入深度为 1.05m，当海底土壤抗剪强度上升为 150kPa 时，贯入深度下降至 0.55m。

从我国海域底质情况来看，大部分底质属于泥或泥沙底质，船只抛锚贯入海床的深度较大，因此应对海缆进行深埋保护。目前，海缆设计要求在近海 200m 以浅的区域选择适于埋设的路由对海缆进行埋设，埋设深度要求为 3m。

第 **4** 章

海底电缆的埋设深度

进行海缆埋设保护时，如何确定埋设深度，除了研究路由区域面临的锚害威胁，还必然要结合海床地形和地质特性进行研究，推断它们的各关键参数相互作用的关系。对于工程实践，应该提出一个海缆埋深指标，作为辅助决策的工具，用于确定某海缆系统在特定路由的最佳埋深。

4.1　埋设深度与土壤抗剪强度

无论是要评估渔具、锚具等切入海床对海缆可能的影响，还是要评估海缆埋设设备挖沟的功效，都需要了解路由区域海床的地形、地貌和一定深度沉积物的特性，尤其是它们的抗剪强度特性。

天然的海床沉积土的组构是极其复杂的，工程上通常将其简单分为两大类：黏土和砂土（无黏性土、粒状土），它们的物理力学性质有较大差异。砂土颗粒较粗，呈松散状态，工程上一般采用相对密度（D_r）来衡量其松紧程度。砂土的强度来源于土粒表面粗糙不平产生的摩擦力，受密度、颗粒形状、表面粗糙度和级配的影响。

黏性土颗粒细，具有黏结力，土粒与土中水相互作用很显著，随着含水量不断增加，土的状态变化为固态、半固态、可塑状态及流动状态，黏性土可用塑性来衡量它的工程性质。黏性土的强度主要来源于摩擦力和黏聚力。

土壤的抗剪强度是指土体抵抗剪切破坏的极限能力，是土的重要力学性质之一。室内的抗剪强度测试要求取得原状土样，但由于试样在采集、运送、保存和制备等方面不可避免地受到扰动，含水量也很难保持，特别是对于高灵敏度的软黏土，室内试验结果的精度就受到影响。因此，就地测定土的性质是一种便捷和准确的办法。十字板剪切试验不须取原状土样，试验时的排水条件、受力状态与土所处的天然状态比较接近，对于很难取样的土（例如软黏土）也可以进行测试，因此目前在国内的抗剪强度的原位测试方法中，十字板剪切试验应用广泛。工程上，通常将土壤抗剪强度参数进行分级（见表4-1）。

表 4-1　土壤抗剪强度参数分级

底质分级	强度密度描述	强度 S_u/kPa	典型底质描述
I	很软/很松 （Very Soft/Very Loose）	<10	很松的淤泥质砂（Silty Sand），或很软的淤泥质黏土（Silty Clay），通常富含有机物
II	软/松 （Soft/Loose）	10～<20	松的淤泥质砂（Silty Sand），或软的淤泥质黏土（Silty Clay），含一些有机物
III	紧实/比较密 （Firm/Medium Dense）	20～<45	比较密实的淤泥质砂（Silty Sand），或紧实的黏质淤泥（Clayey Silt）或淤泥质黏土（Silty Clay）
IV	硬/密实 （Stiff/Dense）	45～<150	密实的淤泥质砂（Silty Sand），或硬的黏质淤泥（Clayey Silt）或淤泥质黏土（Silty Clay）
V	很硬/很密 （Very Stiff/Very Dense）	150～<300	很密的淤泥质砂（Silty Sand），或很硬的淤泥质黏土（Silty Clay）或砂质黏土（Sandy Clay）
VI	风化基岩 （Weathered Bedrock）	≥300	风化基岩（Weathered Bedrock）

　　海缆路由底质调查的程序是先使用浅地层剖面仪探测，初步判定海底一定厚度底质的分布，然后选取有代表性的位置进行钻探取样，使用取样器获得海底沉积物的样本实物来验证。

　　沉积物类型可分为基岩（Bedrock）、砂（Sand）、黏土（Clay）、淤泥（Silt）等，及其各种混合物。通过对样本的采集、分析、试验，可以进一步确定海底地质构造和分布，并为海缆埋设施工作业提供依据。

　　取样的方法依取样器形式不同可以分为：抓斗式、重力式、拖曳式、振动式等。我国目前主要使用重力式取样方法，即在预定站位，用缆车将重力取样器放到海底，利用重力方式可直接插入海底采集样品，再收上来。用它可采集到 0.4～3m 厚的泥沙底质样品。采集的样品长度较小，主要以表层取样为主；振动式取样方法往往可以取到较深的样本，但对设备要求较高，而且取样过程中扰动大，样本试验结果参考价值低。

　　对于取上来的原状沉积物样本，立即在船上用扭力十字板或小十字板试验对土的强度指标进行测定。随后妥善封存，带回岸上的试验室内，进行土的物理力学性质指标的测定，如含水量、密度、相对密度的测定，颗粒分析，通过静力三轴剪切试验及无限压缩试验等，可以确定液限、塑限、承载力等，并评价其工程性质，判断是否适合用埋设设备将海缆埋设至设计的深度。

　　埋设设备可在由沙子、黏土及混合物组成的海床上进行冲埋作业。海床土的不排水抗剪强度低于 100kPa 时可以采用冲埋设备。海床底部的不排水抗剪强度约为 40kPa 以下，适合利用水喷式埋设设备将电缆埋深到目标埋深。

4.2 埋设深度与埋设设备能力

埋设设备按不同类型可以挖掘不同深度，适应各种不同工况。埋设设备按不同工况可分为埋设犁埋设、冲埋犁埋设、后冲埋和岩石切割埋设等。水下机器人（ROV）和埋设犁是进行海缆埋设施工最常用的水下设备。

4.2.1 埋设犁

埋设犁是一种自动化程度及埋设效率都很高的专业海缆埋设器具，被普遍应用在长距离的海缆埋设作业中。不同于 ROV，它仅能进行单纯的边敷边埋工作。埋设犁不具备自推进装置，因此需要母船的拖曳实现前进，它的设计原理源自农业使用的耕田犁。最初的埋设犁完全依赖电缆船拖曳进行机械切割埋设，近几年利用高压水冲辅助及纯粹高压水冲埋设的埋设犁也投入使用，使它对母船拖曳力的要求大大降低，并能够在不适应机械切割的砂质海床上进行埋设。

埋设犁上安装有控制姿态的动力装置及很多传感器，通过脐带缆（信号电缆）与母船相连，经母船上的数据采集中心处理并三维模拟，埋设犁的姿态能够被直观地显示，并由操控者根据实际情况调节姿态，从而很好地实现预期的挖沟工作。

埋设犁的挖沟部分称为切割臂。刀式埋设犁的切割臂为高强度的刀形切割片（犁刀）。犁刀既有单刃也有多刃的，而且它的入土角和切削角事先都经过了特别的设计。当埋设犁受到海缆船拖曳力的作用时，埋设犁的犁刀就会切入海床，将泥土翻向两边，从而开掘出一条埋设海缆用的沟槽来。传统的埋设犁都是这一类型，适用于 100～1500m 水深，在淤泥或黏土质海床上取得 1.0～1.5m 埋设深度。

水冲式埋设犁的切割臂部分则完全被布满高压水喷嘴的腔体所代替，喷嘴角度都经过了特别的设计。埋设犁通过高压软管与母船甲板上的高压水泵（组）相连，启动高压水泵（组），喷射出的高压水柱冲蚀前面的泥土，使泥土塌陷形成沟槽。与刀式埋设犁不同，海缆船不需提供很大的拖曳力，而是跟随沟槽的不断延伸而前行。纯粹的水冲式埋设犁由于受船上供水水头压力损失和高压软管长度限制，通常应用于 50m 以下浅水作业。水冲式埋设犁可以达到 3~5m，甚至更深的埋设深度，在砂土质海床上效果较好，但开沟速度较慢。

现代新型的埋设犁在切割臂部分结合犁刀并以高压潜水泵水冲辅助，可以在200m 水深内以较为合理的速度有效达到 3m 以上的埋设深度，能够适应各种土质，更有效地实施挖沟工作。

4.2.2　水下机器人

水下机器人（ROV）是被广泛运用在各种海洋工程中的重要设备，它能替代"饱和潜水"在危及人身安全的深海环境工作，水下机器人按功能分为观察级 ROV、作业级 ROV 和重型 ROV 等。海缆施工 ROV 在 20 世纪 80 年代末随着越洋海缆系统的发展需要应运而生。最初的 ROV 主要以小功率观察型为主，而后应海缆埋设保护的要求，能够承担埋设工作的工作型 ROV 也投入使用。工作型 ROV 具备大功率动力和动态平衡控制系统，能使 ROV 在复杂的海洋环境中自由地游动和精确地定位。工作型 ROV 主要应用于海缆的后冲埋。它配备的海缆探测系统和潜水高压水泵能在海床上轻易找到已表面敷设的海缆，根据海缆的不同缆径，控制喷射系统，沿海缆进行冲埋，形成一定宽度的沟槽，以达到理想的埋设效果。

根据国际主要 ROV 厂商提供的数据，ROV 埋设深度见表 4-2。

表 4-2　ROV 埋设深度表　　　　　　　　　　（单位：m）

土壤抗剪强度/kPa	ROV 功率			
	200hp	300hp	400hp	600hp
10	1.5	2	2.5	3
20	1.25	1.5	2	2.5
30	1.0	1.0	1.5	2
50	0.75	0.75	1.25	1.5

注：1hp=745.7W。

4.3　工程埋设深度的分析

理论上，海缆被埋设得越深越安全。当 19 世纪 80 年代初海缆埋设保护刚刚起步时，通常选择埋设深度 0.6m 作为海缆埋设的标准要求，而不考虑海床沉积物的性质和各种可能的环境灾害。近年来，通常采用的埋设要求已被提高到 1～1.5m，渔业繁忙区域为 3m，航运繁忙区域甚至有 5～10m 的埋深。随着埋设深度要求越高，不但海上施工作业及其设备的资本投入升高，而且海缆系统在整个生命周期内的维护与修理成本都会成倍增长。过分的保护只会导致成本、时间上的浪费，而且使今后的维护修理增加难度。所以，通常要结合本书第 2 章中介绍的锚害和第 3 章分析的土壤强度、锚重与贯入深度来进行综合评估，以确定一个比较合理的海缆埋设深度，既能保证系统达到一定的安全级别，又具备一定的经济性。

4.3.1 工程路由土壤抗剪强度

根据浅地层剖面、海上钻探、底质取样可知，路由沿线基岩以上地层自上而下可分为成三层，依次为淤泥及淤泥质土（应于声学浅地层 A 层）、黏性土及粉土（对应于声学浅地层 B 层）、粉质黏土混碎石及砂土（对应于声学浅地层 C 层）。

淤泥及淤泥质土层的物理力学性质很差，强度很低。黏性土及粉土的物理力学性质一般，抗剪强度一般。粉质黏土混碎石及砂土基岩的物理力学性质好，强度高。

4.3.2 埋设深度指标的分析方法

在海缆工程施工中，为了便于对保护强度进行量化分析，引入海缆埋深指标（Burial Protection Index，BPI）这一概念。该指标旨在提供一个框架，表现在不同的海洋环境条件下，以现有的经济技术条件，如何选择不同的埋设保护级别。

海缆的主要威胁来自渔业和抛锚行为。通过实践人们认识到，尽管硬海床底质给埋设设备工作造成困难，但渔业设施和船锚同样难以切入；反之，尽管埋设设备在软质海床上能取得较大埋深，但渔业设施和船锚更容易到达这一深度。

在相同埋设深度下，通常较硬的海床底质较之软的土质更能对海缆提供更好的保护。

通过上文的分析可发现，海床沉积物的抗剪强度 S_u 大多集中在 $4 \sim 100 \mathrm{kPa}$。假设以在黏土的不排水剪切强度为 $40 \mathrm{kPa}$ 的条件下充分保护海缆不受拖网和大多普通渔具损害作为单位值设置比例，即该时 BPI 取值为 1，则由此可以对沿海缆路由的海床条件进行分类，并赋予不同的 BPI 值，对应不同的海缆埋深保护要求。

埋设保护指标的确定建议按以下原则进行：

BPI=1，表示埋设深度能基本保证电缆不受普通捕鱼工具的影响，水深通常大于 100m，抛锚情况较少。

BPI=2，表示埋设深度能保护电缆不受约 2t 船锚抛锚影响，这种保护对于抵御大多数渔业活动是足够的，但对于大中型船只的抛锚是不够的。

BPI=3，表示埋设深度能保证除大型船只（油轮或集装箱船）外的船锚抛锚影响，适用于某些海缆穿越锚地的情况。

对海南联网工程埋深指标的评估，应在对路由区锚害威胁评估的基础上，结合工程实践经验以及在辽东湾海域的海底光缆施工经验，综合确定埋深指标。建议 BPI 指数见表4-3。

表 4-3　建议 BPI 指数

BPI	埋设深度/m	埋设设备	适宜环境
1	0.5~<1.0	使用普通刀式埋设犁进行埋设	适宜水深大于 1000m 或特定工作区域内很少有渔业捕捞，船只也不大可能抛锚的情况
2	1.0~<1.5	使用普通刀式埋设犁进行埋设	适宜水深 20~1000m，这对于防止海缆不受普通渔具的损害可能足够了，但还不足以防止帆张网等危害性捕捞作业带来的危害发生
3	1.5~<3.0	使用水喷式埋设犁进行埋设	适宜水深 20~200m，可以防止海缆不受最大约 2t 重船锚的损害，但还不足以防止大型船舶（大型油轮和集装箱船等）的锚害
4	3.0~<5.0	使用高压水冲式埋设犁进行埋设	适宜水深 3~70m，可以防止除超级大船以外的大多数船锚的损害
5	5.0~<10.0	使用锯齿切割式埋设犁进行埋设	适宜水深 3~30m，可以防止除超级大船以外大多船锚的损害

对于由于土壤抗剪强度过大，超过埋设设备埋设能力，无法达到埋设深度的路由区域，应考虑采取外加保护的方式对电缆加以保护。

第 **5** 章

海底电缆的后保护方式

在海底电缆的施工中对于海床黏性土平均不排水抗剪强度低于 100kPa 的地区，可以采用冲埋施工。对于综合强度为 25MPa 以下的岩石地区，可以进行凿石操作。由于海床地质原因，无法达到设计埋深的区域，可进行后保护。后保护方式有石笼和混凝土连锁块保护、海床切割、抛石保护和海底电缆监控保护。

5.1　石笼和混凝土连锁块保护

石笼保护是将石块装入镀锌钢丝编织的网套内，利用施工船上的起重机将网套缓缓沉放至电缆上，而后由潜水员水下解除吊钩。每个石笼的尺寸为 6m× 3m×0.25m。

石笼和石材均按设计要求购置，将购买的石笼直接运输至石材购置点，装笼后陆运至施工现场附近码头，用起重机运至作业船上，然后通过水上运输至施工现场。施工时，石笼沉床叠放于船只主甲板上，上下石笼沉床之间用木板隔开，防止石笼沉床之间互相摩擦而损伤。正常施工时，先由起重船在施工区域抛下八字锚，依靠施工船上的差分全球定位系统（DGPS）定位，使起重船位于电缆正上方。石笼吊装入海时，潜水员全程在水下监护石笼沉床压盖，确保石笼压盖在电缆上方。石笼沉床吊放到位后，由水下潜水员完成起重桁架脱钩及相邻石笼沉床间的连接绑扎工作，然后潜水员继续向前探摸并配合船上的 DGPS 指挥起重船和定位船移船，继续石笼的安装作业。

混凝土连锁块是由小型混凝土块、钢筋、连接件等组成的可拆卸的防御装置，单片重量在 3~5t，压盖在电缆上可减小因船舶抛锚而对电缆产生的影响，同时该连锁块对海底电缆具有一定的固定作用，它的施工方式与石笼基本相同。石笼和混凝土连锁块如图 5-1 所示。

图 5-1　石笼和混凝土连锁块

5.2　海床切割

　　海床切割主要是指用水下岩石切割机对岩石底质进行切割，以完成海底电缆的埋设。近年来，国外主要的水下设备厂商均推出了水下岩石切割相关设备及系统，如 SMD 公司的海床拖拉机及 FORUM 公司的海底工作系统。

　　海床切割施工难度大，速度低，风险较大，目前国内不具备此类施工能力。

5.3　抛石保护

　　海缆抛石保护的设计，依据《电力工程电缆设计标准》（GB 50217—2018）中要求：水下电缆不得悬空于水中，浅水区埋深不宜小于 0.5m，深水航道区埋深不宜小于 2m。在对应规范要求的前提下，以海缆覆盖石料层做对应埋深值防护强度比较。

　　抛石保护是应用专用的抛石船在海底电缆上方按一定级配抛投石料，形成一定高度的保护海缆的石坝。抛石保护主要考虑三个因素：石坝长期的稳定性、防止锚害的水平要和冲埋段保持一致、抛石施工本身不会危害电缆。

　　抛石保护对石料的要求很高，所选石料应为无机物、清洁、材料稳定、不含大量的铁成分，不含黏土、泥沙、白垩或其他有害物质。石材由原始开山块石经破碎、筛选而成，坚硬、无毒，并且泥沙、黏土等其他杂质含量不大于 0.5%。原则上使用质地较硬的玄武岩，这样的石料不仅牢固，还确保对海洋环境不会造成污染。

　　抛石保护的效果主要取决于抛石后形成石坝的稳定性，下面将以海南联网 500kV 为例讨论石坝稳定性问题。

5.4　海底电缆监控保护

为了保证海底光缆运行安全，采用雷达、AIS 等技术手段对海底电缆路由海面及过往船只进行 24h/d 实时监视，当过往船只出现威胁海底电缆安全的趋势时，及时向其发出警告；在出现险情和重大事件时，能够进行多方联络、抢险和调度指挥等，并向上级汇报现场险情，这就是海缆监控保护。

由于海上贸易及沿海渔业活动的日益频繁，海上大型船只的不规范抛锚和捕捞渔具的作业对海缆的影响越来越大，传统的路由保护方式逐渐难以应对海缆系统所受到的各种威胁，而海底电缆、光缆一旦发生故障，维修时间长且费用昂贵，修复需要较长周期，这将造成巨大的经济损失。

为了进一步确保海底电缆安全，除使用现有的被动保护方式外还必须采用更为主动的预防手段，将潜在隐患消灭在可能发生的事故之前。而建立海底电缆路由监视系统，并配以海上巡逻是更为主动且有效的方式。

第 6 章

海底电缆路由监控保护

海底电缆的安全风险可以分成三类，第一类是海底电缆自身风险，该类风险包括海底电缆的确切位置、埋深情况、防护情况等；第二类是海床风险，该类风险包括海流、海床运动、冲刷机理以及海底环境污染等；第三类是海面风险，该类风险包括渔业、航运以及海洋工程等活动及锚害风险。以上三类风险以第三类风险占比最大，该类风险占海底电缆事故总数的百分比大于95%，因此，海底电缆路由监控中最紧迫、最必要的监控是对海面风险的监控。

依据中华人民共和国国土资源部令第24号《海底电缆管道保护规定》第十一条，海底电缆管道所有者在向县级以上人民政府海洋行政主管部门报告可以对海底电缆管道采取定期复查、监视和其他保护措施，也可以委托有关单位进行保护。

6.1 VTS 系统

6.1.1 VTS 系统的简介

不论是国内还是国外，海面船只的活动监控任务都由国家职能部门承担，如美国、欧盟等的海岸警卫队，我国海面或内河水面船舶交通管理的功能职责则归属于中华人民共和国海事局（以下简称"海事局"）。国内外船舶监视都无一例外地采用船舶交通管理系统（Vessel Traffic Management System，VTS）作为支撑系统。

《中华人民共和国船舶交通管理系统安全监督管理规则》中指出，"VTS 系统"是指为保障船舶交通安全，提高交通效率，保护水域环境，由主管机关设置的对船舶实施交通管制并提供咨询服务的系统。这是目前我国对于 VTS 系统最具权威性的定义，它考虑到了我国水上交通的实际情况，强调管理和服务双重功能。

国际航标协会（IALA）则将"VTS 系统"定义为船舶交通服务系统（VTS-

Vessel Traffic Service）。在该协会编制的《VTS 手册》中指出，船舶交通服务（VTS）是主管当局实施的，旨在改善船舶交通安全和效率以及保护环境的一种服务。主管当局是由国家主管机关指定对该区域内的船舶交通安全和效率及保护环境负全部或部分责任的当局。这种定义强调 VTS 的服务功能，VTS 是为船舶、港口及其有关方面提供信息服务的系统。这一思想对于全球各港口发展 VTS 系统具有普遍的指导意义。

6.1.2 VTS 系统的组成

对于 VTS 系统组成有两种说法，一种是狭义上的，即由 VTS 电子系统及其配套系统组成；另一种是广义上的，即由电子设备系统、配套或辅助系统、实施 VTS 系统的主管机关、VTS 用户和管理法规系统等组成。以下从广义上介绍 VTS 系统的组成。

1）电子设备系统：主要包括雷达系统、信息传输系统、船舶数据库信息系统、显示系统、船岸通信系统等。

2）配套或辅助系统：主要包括电源系统、气象系统、闭路电视系统等。

3）实施 VTS 系统的主管机关：在我国，该主管机关为海事机关，具体部门为船舶交通管理中心或称为交管中心、VTS 中心。

4）VTS 用户：主要是指船舶和水上设施。

5）管理法规系统：管理法规系统是 VTS 系统不可缺少的部分，是 VTS 系统有效运行的保证。

6.1.3 船舶报告制度

VTS 系统包含电子设备、管理机关和船舶等，离开系统的管理对象——船舶及其积极的配合，VTS 系统将不能有效地运作，尽管可通过闭路电视（CCTV）来查看船舶的大小、种类和船名，但还不能全面掌握船舶的有关资料，尤其在夜间 CCTV 的效果很差。雷达也只能显示船舶的反射回波，因此，对于船舶的详细资料必须通过船舶用甚高频（VHF）无线电话向系统管理中心报告。至于船舶如何报告、什么时间报告、报告什么内容，就需用制度来约定，这个制度就是船舶报告制度。一般来说，船舶进出 VTS 系统管理区域和在管理区域内的动态均须通过指定的 VHF 频道向管理中心报告。

6.1.4 VTS 系统的功能

1. 目标检测及跟踪

VTS 系统利用现代雷达数据处理技术及信息传输技术，通过交通显示操作终端实现对海上目标的检测、跟踪及显示。目标检测及跟踪包括下述步骤：

1）目标检测。

2）目标定位。

3）目标跟踪。

① 确定跟踪方式。

② 确定跟踪目标的运动参数。

③ 标识跟踪目标。

④ 控制跟踪目标。

2. 交通监视

VTS 系统能实现对海上运动目标实时监视，对船舶的运动状态进行判断，并提示操作员。交通监视包括下述内容：

1）对实施强制引航船舶的监视。

2）对船舶通过海上某一区域的监视。当船舶通过航道、锚地、警戒区、捕鱼区、船舶报告线以及离开系统边界时，系统自动产生报警。

3）对船舶碰撞危险的监视。

4）监视海上交通规则的实施情况。

5）对船舶锚泊的监视。

6）对危险品船舶的监视。

7）对公务船艇的监视。

8）对特殊航段的交通监视。

9）对助航标志的监视。

3. 信息管理

VTS 系统提供了船舶数据库，具备海上交通信息管理功能，该功能包括以下方面：

1）编制船舶航行计划。

2）实时显示船舶运动状态。

3）发布海上交通态势。

4）查询船舶概况。

5）编制航行警告信息。

6）进行交通统计。

7）实现与其他信息管理系统的数据交换。

8）实现与其他 VTS 系统的数据交换。

4. VHF 海上通信

VHF 数字化通信是实现船对船、岸对船、船对岸语音通信的主要方式，一般采用数字选择性呼叫（Digital Selective Calling, DSC）方式进行，它已经被采纳为全球海上遇险和安全系统（GMDSS）的标准，专用于船舶遇险通信。一台

DSC 设备必须具备两个 VHF 接收器，其中一个专用于 70 信道的监听，因为 70 信道是全球通用的遇险信道。岸对船（Shore-Ship）通信过程如下：

第一步，岸站使用 70 信道发出一个 DSC 消息，其中包括源岸站呼号（MMSI）和目标 MMSI 以及准备用于通信的信道（例如信道 64）。船载 VHF 电台接收到 DSC 消息后，比较目标呼号是否与自己的呼号一致，如果一致则振铃。

第二步，船员接听 VHF 呼叫后，船载 VHF 电台进行通信确认，并自动切换到指定通信信道（例如信道 64）。

第三步，岸站 VHF 电台收到确认消息后，将通信信道自动切换到指定信道（例如信道 64），船岸即可进行语音对话。

6.1.5　VTS 系统使用的技术与趋势

目前，VTS 系统使用的技术包含以下几点：

1）计算机技术：软件构架技术、多媒体技术、客户-服务器结构、图形显示、数据库、智能识别、虚拟现实技术等。

2）通信技术：VHF 通信、单边带通信、TCP/IP 协议下以太网 LAN/WAN 组网、卫星通信、调度通信技术等。

3）传感器与探测技术：雷达探测、AIS 应答、GPS、气象仪表、环境监测仪、CCTV、EO 探头等。

4）地理信息技术：S57、S52、GIS 技术以及三维地理信息技术等。

随着信息化技术的发展，VTS 系统越来越多地使用以上多项或全部技术，VTS 的应用也经历着一代代的升级，现代化的 VTS 发展趋势主要表现为以下几个方面：

1）多传感器融合：VTS 系统趋向于利用多传感器融合技术将系统中使用到的雷达、AIS、CCTV、气象、环境等数据有机地融合、关联在一起，进行统一展现、智能分析等综合处理。

2）统一通信与调度：通信与调度是 VTS 系统中一个非常重要的环节，将现有的基于数字电路的通信与调度机制转化成基于 IP 的统一通信平台是现代 VTS 通信管理的发展趋势，统一通信平台将现有的多制式海事通信方式融合在一起，从而实现基于 IP 的分布式、多中心、多终端的统一通信与调度。

3）开放式软件架构：将众多的应用支撑系统应用到 VTS 系统中，要求现代 VTS 系统必须采取开放式的软件架构，这种架构既能广泛接入系统的底层基础数据，又能动态支持垂直业务系统开发，还能与横向业务系统进行数据交换，从而全面支持全系统范围的综合的、智能的数据处理与交换。

4）虚拟现实技术的应用：虚拟现实技术的应用是信息化建设的终极体验技术，它将专业的业务系统以虚拟现实的方式形象地展现在使用者的面前，为 VTS 系统应用的大范围普及提供支持，从而使得系统的应用效能达到最高。

5）陆上地图与海图的融合：VTS 系统的图形处理基本上是以电子海图为基础的，而电子海图（ECDIS）的标准与陆地的 GIS 标准并不兼容，因此，有机地将陆地 GIS 与 ECDIS 融合起来是 VTS 地理信息应用的发展趋势。

6.2　雷达技术

6.2.1　VTS 雷达介绍

目前船舶交通管理系统（VTS 系统）雷达主要采用的是脉冲法测距、最大值振幅法测角、显示平面位置的主动雷达。整个雷达子系统通常由发射机、接收机、天线、显示器和射频切换开关等组成。通常各雷达厂家出于生产结构上的需要把发射机和接收机组成一个整体，称为雷达收发机。单独设立的显示器一般称为维护 PC。为保证雷达子系统的工作可靠性，雷达收发机常采用双机备份方式（1+1 热备用），控制单元控制射频开关的切换操作。射频开关一般称为波导切换开关。一般来说，VTS 雷达结构如图 6-1 所示。

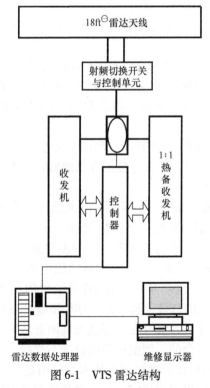

图 6-1　VTS 雷达结构

⊖ 1ft = 0. 3048m，后同。

在当前 VTS 交通管理系统中，显示器通常与数据处理组成一个整体，显示的图像不仅是雷达的原始视频图像，还有在电子海图背景下的数字视频、各种数字、运动矢量线及警戒符号等。这称为交通显示器或 VTS 工作站。

VTS 雷达系统的工作原理是：发射机在定时脉冲触发下，产生大功率的射频脉冲，经过高增益的天线向空间定向辐射，随着天线的旋转，波束对空间方位进行扫描。波束扫到目标时，反向散射的电磁波返回雷达天线，被收集送到接收机。回波信号在接收机中经过低噪声放大器、混频、中放、检波等处理，送到显示器及数据处理单元。数据处理单元在定时脉冲的作用下，将送入的回波信号和方位信号进行量化加工和数据处理，然后利用组播协议发送到 IP 网络上。

6.2.2　VTS 雷达信号处理

海缆路由监控由于需要接入海事局的 VTS 的原始雷达信号，以便系统做综合开发应用，因此要对雷达信号做更底层的处理，尤其是满足能够跟踪微小目标的需求。

海面运动目标的监控雷达信号处理主要包含：雷达回波的杂波处理、多雷达信号融合以及雷达信号与 AIS 信号的融合。

1. 雷达回波的杂波处理

海面监控雷达的杂波主要有四种：噪声、雨雪杂波、海杂波和同频干扰。其中，噪声主要来自接收机内部电路的热噪声。噪声幅度随机起伏变化的速度快，频谱分布较均匀，幅度统计一般表现为瑞利分布。

雨雪杂波来自雨雪颗粒的后向散射回波，幅度统计一般也表现为瑞利分布，但是噪声幅度随机起伏变化的速度比噪声慢。

海杂波来自水面的后向散射回波，幅度起伏变化更慢，相关性更强，幅度统计分布特性复杂，受到很多因素的影响，如风、水流、潮汐、工作的频率等。

同频干扰是一种特殊的有源杂波干扰，来自同频段的雷达非同步辐射的电磁波，干扰的强度很大，杂波出现的位置、时刻随机变化，但是强度确定。

雷达杂波处理的方法主要有敏度时间控制（STC）、分处理（FTC）、恒虚警率（C-FAR）、相关处理、扫描整合处理等。

通过利用连续几次的扫描回波信号进行脉冲滤波或卷积运算等得到一个较高电平的视频信号，以提高检出能力，从而提高识别微小目标的能力。尤其在杂波较大的环境下，效果更明显。普通雷达视频信号处理示意图如图 6-2 所示，由图 6-2 可见，单次扫描信号基本淹没在噪声中。图 6-3 所示为经脉冲滤波处理后的雷达视频信号。

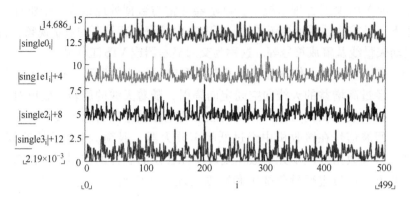

图 6-2　普通雷达视频信号处理示意图

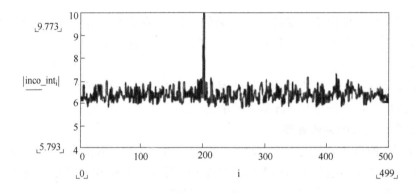

图 6-3　经脉冲滤波处理后的雷达视频信号

2. 多雷达信号的融合

由于海缆路由区域被海南海事和湛江海事的三处雷达同时覆盖，此外，南方电网还有自己的备份雷达，如果 VTS 系统信息交换不及时或者三方雷达站不同步，运动目标位置会因雷达探测时间不同而形成误差，如图 6-4 所示。

为了消除这种误差，采用多雷达探测目标融合方式，融合示意图如图 6-5 所示。

3. 与 AIS 信号的融合

AIS 数据是准确的导航数据，将它与雷达信号融合，是实现对海缆路由海域精准监控的前提，且南方电网在两个终端站建有自己的 AIS 岸站，将南方电网网内的 AIS 信号与雷达或者 VTS 系统中的 AIS 信号融合起来也是海缆路由一网监控的关键，因此雷达与 AIS 信号融合是本次海缆路由监控的另一关键技术，雷达与 AIS 信号融合原理图如图 6-6 所示。

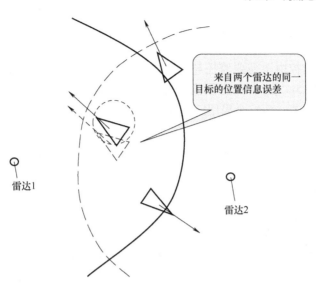

图 6-4 多雷达探测误差示意图

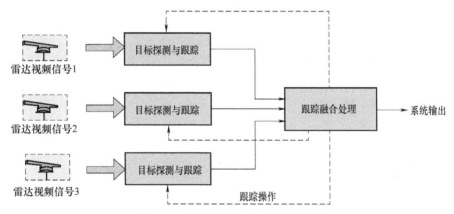

图 6-5 多雷达探测目标融合示意图

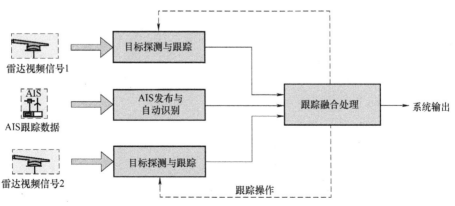

图 6-6 雷达与 AIS 信号融合原理图

6.2.3 雷达性能比较

海缆路由监控由于需要监控与跟踪渔船等高危小目标［目标的雷达截面积（RCS）介于 $3 \sim 5m^2$］，如何选用满足探测要求的高性能雷达是整个系统建设的最重要的一个环节，而综合采用已经商业化应用的先进雷达是解决此问题的最直接的方法。

雷达类型主要包括岸基海事监控雷达，船载各波段避碰、导航雷达和 X 波段导航雷达。

1. 岸基海事监控雷达性能

海南岸基海事监控雷达主要采用丹麦 TERMA 公司的 TERMA X 波段雷达。该雷达探测距离的仿真采用 TNO 实验室（荷兰）CARPET 软件进行。该软件可以根据雷达参数、天线高度和天气条件预测雷达的探测距离。

雷达与环境参数如下：

Troposcatter：off

Attenuation：on

Free space：off

Surface based Duct.：off

Evaporation Duct.：off

Cosmic Noise：on

Sea Clutter：on

Land Clutter：off

Constant Gamma：off

Rain：off

Chaff：off

Barrage Jamming：off

Responsive Jamming：off

Phase Noise：on

Doppler Processing：off

Timing Jitter：off

Rotating：on

Tracking：none

Atmosph. Pressure：1020hPa

Humidity：70%

Air Temperature：25℃

Water Temperature：18℃

Wind Force：1Bfrt

Wind Direction：0°

K-Factor：1.33

Refractivity：358.7Nunit

Sea State：1

Salinity：35prom

Evap. Duct Height：10m

Surf. Duct Height：100m

Soil：average

Water Content Soil：60%

Std Surface Height：0.1m

Galactic Noise：average

Land Reflectivity：−38dB

Rainfall Rate：16mm/h

Chaff Density：30.0g/km^3

Min Range Rain：0.1km

Max Range Rain：50km

Max Altitude Rain：0.1km

Jammer Power：10kW

Antenna Gain Jam.：12.0dBi

Bandw Barrage Mode：600MHz

Bandw Respons Mode：10MHz

Jammer Range：200km

Jammer Height：3m

Carrier Frequency：9375MHz

Peak Power：25kW

Pulse Length：0.25μs

Inst. Bandwidth：8MHz

PRF：2.9kHz

Pulse Bursts：1

Transmitted Pulses：1

Transmitter Losses：2.0dB

White Noise Level：−120dB/Hz

Colored Noise Level：−40dBc

Cut-off Frequency：1Hz

Timing Jitter TX：0.1ns

Antenna Type：rect.

Vertical Illum.：uniform

Azimuth Beamwidth：0.4°

Elevation Beamw.：19°

Transmit Gain：36dBi

Polarization：H

Tracking：none

Receive Gain：36dBi

Beamshape Loss：1dB

Antenna Tilt：0°

Azimuth Sidelobes：−35dB

Frame Time：3s

MTI：off

Doppler Bank：off

Taper DFB：Blackm.

Noise Figure：4.0dB

Receiver Losses：2.0dB

False Alarm Prob.：10^{-6}

Fill Pulses：0

Timing Jitter RX：0.1ns

Target RCS：$1m^2$

Target Velocity：5m/s

Target Range：5km

Target Altitude：1m

Swerling Case：1

Minimum Plot range：0.1km

Maximum Plot range：18km

Minimum Plot vty：0m/s

Maximum Plot vty：30m/s

Minimum Plot hght：0m

Maximum Plot hght：2m

Range Axis：linear

Performance Prmtr.：range

玉包角雷达站性能仿真结果如下，获得的仿真图如图6-7所示。

Configuration：Long Pulse 330ns

Antenna Height：50m

Radar：18′X-band Horizontal Std

Sea State：1

Rain：no rain

Target：RCS 1m^2

Height：1m

Range＝9.0n mile at Pd＝90%

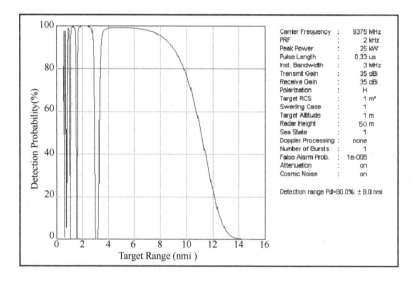

图6-7　雷达性能仿真图

2. X 波段导航雷达性能

X 波段导航雷达采用当前技术领先的雷神雷达，它的性能仿真结果如下：

Configuration：0.25μs

Antenna Height：30m

Radar：8′X-band Horizontal Std

Sea State：1

Rain：no rain

Target：RCS：5m^2

Height：1m

Range＝8.1n mile at Pd＝80%

X 波段仿真图如图6-8所示。

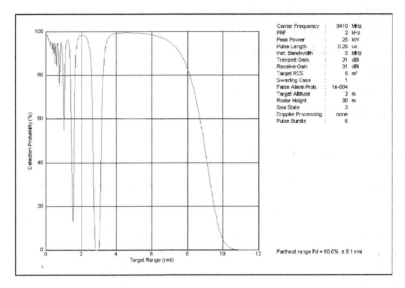

图 6-8　X 波段仿真图

3. X 波段导航雷达仿真结论

通过在岸边架设船载 X 波段雷达，对运动中的小目标进行探测，仿真结果如下：

1）在目标离岸 9n mile 处（约 17km），海事岸基雷达对雷达反射横截面为 1m² 的目标具有单次扫描 90% 的发现概率。

2）在目标离岸 8.1n mile 处（约 15km），船载补充雷达对雷达反射横截面为 5m² 的目标具有单次扫描 80% 的发现概率。

3）单副雷达均能满足近岸海域的有效覆盖，可以用于对渔船活动的监视。

6.3　视频监控技术

6.3.1　视频监控技术介绍

最早的视频监控技术是因工程上需求首先提出的，之后随着视频监控应用领域的广泛和需求的多样，国内众多高校、研究机构以及安防企业等陆续进入该领域。从视频监控系统的技术演变角度来看，可分为三个阶段。

第一阶段是 20 世纪 70 年代以视频磁带录像机（Video Cassete Records，VCR）为代表的传统闭路电视监控系统。该阶段国内外的监控技术都以模拟设备为主，图像信息采用视频电缆，以模拟方式传输。首先，有线模拟信号因对传输距离十分敏感，故只适合在单个大楼、小居民区及范围小的场所应用；其次，有线模拟监控由于无法联网，只能以点对点方式监控，系统扩展能力差，如果要增加新的监控点，往往在工程上需要很大的工程量；最后，用来存储视频数据的存储介质是磁带，使视频文件的存储和查询都存在困难。

第二阶段是 20 世纪 90 年代中期，以数字视频录像机（Digital Video Recorder，DVR）为代表的监控系统，又称为硬盘录像机系统。该系统以数字视频压缩编码技术的发展而产生，系统在远端有若干个监控点、各种检测和报警探头与数据设备，将获取的图像信息，通过各自的传输线路汇集到监控终端，再由网络将信息传到一个或多个监控中心。

与 VCR 相比，DVR 的改进主要有两个方面：一是视频存储方式改变，传统的 VCR 存储介质是用磁带实现的，DVR 采用硬盘的主要好处是便于对视频文件的检索和保存；二是传输方式改变，DVR 在已成熟的互联网技术上，实现监控中心与监控点的互联，通过某台监控中心可实现系统集中式管理。此外，由于技术上的局限性，DVR 在视频数字化处理方面仅实现了存储数字化，因此 DVR 又称为过渡型数字化阶段。同时，由于系统实现的前端结构较复杂，可靠性和稳定性有待完善。

第三阶段是 21 世纪开始普及的数字视频监控系统（Digital Video Surveillance，DVS）。典型的数字视频监控系统是指从视频信号的采集、传输、处理、存储到显示的各个环节的数字化，在系统实现上的开放式架构可与第三方系统无缝集成，如门禁、报警和语音系统等。

从模拟技术发展到今天的数字网络化技术，目前数字网络化技术是监控系统的一个发展趋势，国内外开发商都提供了相关的产品，在国外主要集中在数字化处理（Digital Signal Processing，DSP）技术，如 Philips 的 PNX13xx、PNX15xxE 和 PNX17xxE 系列，TI 的 TMS320DM64x 系列等，拥有这些核心技术的公司可提供可编程的开发平台和解决方案，国内的公司基本上都是在现有的平台上做一定的二次开发来完成应用层级的系统，如黄金眼的 GECDR32P，海康威视的 DS-8000 系列等。

目前，DVS 系统经过了网络化快速发展后，随着摄像技术、显示技术、传输技术、图形处理技术的发展，DVS 系统应用开始向高清晰度方向发展。但高清晰度图像的处理和传输是该项技术应用的技术瓶颈。

6.3.2　高清视频监控及解决方案

1. 视频监控系统简介

视频监控因其信息直观、内容丰富而作为安全防范体系的重要组成部分，并被广泛应用于各种场合。当前用于安全监控的视频录像不仅要能监视到事件的整个宏观过程，还要能够监控到事件发生的每个细节，从而在视频记录重放时能够显示被监视目标的细节（如面孔、牌号等），使监控视频能够作为取证材料更好地为事件的事后分析提供线索。目前视频监控大量的应用主要是事后对现场录像进行回放，查找事件证据。遗憾的是大多数情况下，现场录像回放只能提供事件的基本情景，无法提供清晰的关键细节。

（1）视频监控清晰度　图 6-9 显示了各种清晰度（单位监控面积的像素）的效果。如果视频监控系统仅要求对全局宏观情景进行监视，不需要辨认面孔、识别牌照或看清楚收款处的钞票面额等，那么分辨率为 70px/m（像素/m）就足够了。如果监控系统需要辨认面孔、识别牌照，那么就需要 130px/m 的分辨率，甚至高达 250px/m 的分辨率。

图 6-9　各种清晰度效果比较（px/m）

例如，如果一个停车场的视频监控系统需要在监控录像里清楚显示行人面孔或车牌号，那么视频图像分辨率要求至少为 130px/m。若采用 VGA 摄像机（分辨率约为 640×480 像素）来满足 130px/m 的要求，一个 VGA 摄像机就只能监控约 5m 宽。如果覆盖 35m 宽的停车场，则需要 7 台 VGA 摄像机。如果要覆盖整个停车场，则至少需要 42 台 VGA 摄像机（见图 6-10），图 6-10 中每一个小格代表一台 VGA 摄像机的覆盖面积。

图 6-10　停车场监控示意图

（2）传统视频监控提高监控视频清晰度时所存在的问题　用传统的视频监控方式来实现高清视频主要有两种方法：一是增加摄像机的数量，二是采用云台（PTZ）摄像机来放大、跟踪目标。这两种方式都有各自的局限性。

显然增加摄像机的数量会增加成本，包括摄像机、配套设备和辅材费用的增加及布线、安装和后期维护费用的增加，如上述提到的停车场的例子。

云台摄像机的确为视频监控解决了很多问题，但是它也有自身的弊病。当云台摄像机监控最大面积的全局情景时，因为分辨率低，就出现了"只监控了全局，丢失了微观取证细节"的情况；当云台摄像机放大了某个局部，提高了这个局部的分辨率时，则又漏掉了对全局的监控和录像；当云台摄像机转到某一个视角，则漏掉了对其他方位的监控和录像。

（3）高清晰度视频监控　得益于数码摄像技术的提升，图像采集已能实现高清晰度的视频监控，对特定区域的监控可以采用广角、高分辨率的数码摄像机完成宏观和微观的同时监控。对某体育场的高清图像监控效果如图 6-11 所示。图 6-11 由 1600 万像素摄像机进行实时拍摄，它可对整个监控区域以及区域的每个细部进行较高分辨率的动态监控。

高清图像监控面临的主要问题如下：

1）图像处理容量超大。

2）对传输带宽要求高。

在图 6-11 中，1600 万像素摄像机的分辨率为 4872×3248 像素，如果对每帧图像都进行无损伤传输（压缩），则它对带宽的最大要求为：4872×3248×24×25 = 9494553600bit/s。即需要 1G 的传输带宽。即使采用压缩比较大的无损压缩，也很难将图像传输带宽省下多少。

图 6-11　对某体育场的高清图像监控效果

2. 高清视频监控方案

为了在不丢失图像的原始细节信息的同时节约带宽，采用 JPEG2000 作为图像处理的技术标准。

JPEG2000 作为 JPEG 的升级版，压缩率比 JPEG 高 30%左右，同时支持有损和无损压缩。JPEG2000 格式有一个极其重要的特征是它能实现渐进传输，即先传输图像的轮廓，然后逐步传输数据，不断提高图像质量，让图像由朦胧到清晰显示。此外，JPEG2000 还支持"感兴趣区域"特性，可以任意指定影像上感兴趣区域的压缩质量，还可以选择指定的部分先解压缩（见图 6-12）。

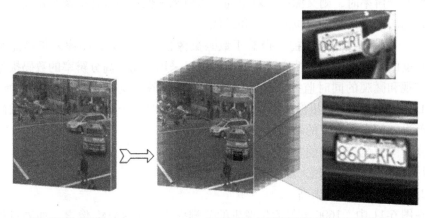

第一层只显示图像　　　　　　微观的信息在后续的逐层质量层里渐进传输
整体宏观情况

图 6-12　高清视频图像监控解决方案

实验证明，通过 1Mbit/s 的带宽可以实现 500 万像素（分辨率为 2592×1944 像素）的高清图像监控，可以用于近海岸海缆海域的广角监控。

6.4　无线网络传输技术

6.4.1　无线网络传输应用的划分

无线网络传输应用的划分如图 6-13 所示。

国际电联（ITU）针对着现有的无线网络应用制定了相应的标准，图 6-13 中列出的标准已经被业界广泛使用。由该图可以分析得出无线网络的以下特点：

1）PAN 不适合用于组建远距离的自主无线网络。

2）LAN 为本地网，采用 802.11 系列协议，由于这个系列的无线应用被分配到 2.4G 和 5.8G 民用频谱资源，因此对组网设备的要求很高，例如：功率的限制、传输距离的限制等。

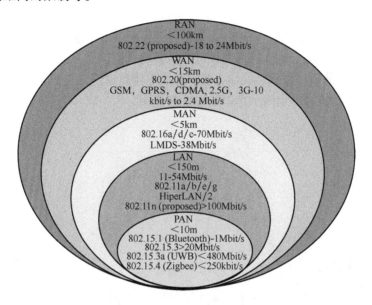

图 6-13　无线网络传输应用的划分

注：PAN—Personal Area Network（个人局域网）　LAN—Local Area Network（局域网）

MAN—Metropolitan-area Network（城域网）　WAN—Wide Area Network（广域网）

RAN—Residential Access Network（居民接入网）

3）MAN 是城域网组网协议，无线 MAN 技术也称为 WiMAX。它是为用户站点和核心网络间提供通信路径而定义的无线服务，频率资源比较丰富，除 2.4G 和 5.8G 免许可证频谱外，还有 600M、2.6G、3.5G 等，是远距离组网的理想手段，目前 WiMAX 传输带宽有的空中速率已经达到 150Mbit/s，相当百兆光纤的传输能力。

4）WAN 在我国基本由运营商应用，如 2.5G、3G 移动通信应用等，属于典型的无线租用线路，它的一个显著特点是上行速率较低。

5）RAN 属于基站远距离接入和组网范畴，当自组网或运营商基站需要远距离覆盖时，可用于网络拓扑规划。

6.4.2　无线网络传输独立组网的趋势

由于频谱资源越来越紧张，申请自己独有的无线频谱资源变得代价很高，所以无线自组网络基本被限制在 2.4G 和 5.8G 免无线电使用许可证频段，在免无线电使用许可证的频谱范围内，组网呈现以下特点：

1）采用更先进的调制方式，提高通信距离和容量，如采用正交频分复用技术（OFDM）等。

2）支持更灵活的自组网方式，如点对点、点对多点。

3）支持动态频率选择（DFS），具备对干扰和信号强度自动测试能力，设备本身可以根据无线通信的环境挑选最可靠的频点通信。

4）采用智能天线技术，能够在各种环境下可靠通信，支持非视距覆盖。

无线网络传输独立组网示意图如图6-14所示。

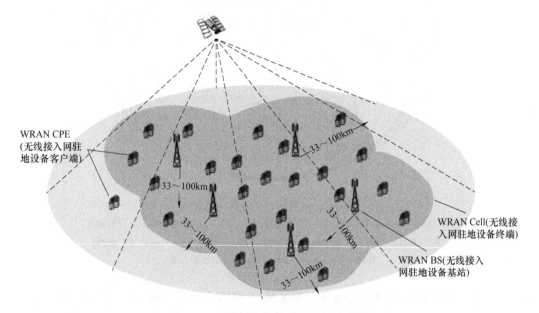

图6-14　无线网络传输独立组网示意图

从图中可以看出，无线网络传输独立组网有以下趋势：

1）一个固定的点对多点空口接口（基站互联）。

2）点对多点的远端CPE管理或者分布式感知管理（基站覆盖）。

3）采用能力强的CPE延伸WRAN的范围。

6.4.3　无线网络传输独立组网的方案

海缆路由监控必须解决骨干传输和远端覆盖两个问题，因此在组网的过程中必须解决好如下两个问题：

1）固定空口接口选点，建立骨干WiMAX城域传输网络，获得高带宽。

2）建立两岸的点对多点远端应用覆盖，解决非视距和远程通信接入问题。

针对以上两个问题，采用以下两种方案：

1）WiMAX无线网络传输骨干网。采用5.8GWiMAX设备进行骨干网传输，使用OFDM调制，远距离高带宽传输，传输带宽为100M。

2）智能无线基站覆盖。采用 2.4G 沿终端站海岸覆盖，覆盖半径为 1.5km，支持自动波束赋形技术，支持移动的非视距通信，接入带宽不小于 20M。

6.5 软件开发技术

当前软件工程领域和软件产业界的热点技术包括原型法、C/S 模式与 B/S 模式、软件构件技术、软件复用技术等。本节对这些当今软件开发的主流技术加以评述，以期对项目的软件开发提供参考。

6.5.1 原型法

原型法是近年来提出的一种以计算机为基础的系统开发方法。利用原型法开发系统时首先构造一个功能简单的原型系统，然后通过对原型系统逐步求精，不断扩充、完善，得到最终的软件系统。

原型就是模型，原型系统就是应用系统的模型。它是待开发的实际系统的缩小比例模型，它保留了实际系统的大部分性能。这个模型可在运行中被检查、测试、修改，直到它的性能达到用户需求为止。这个工作模型很快就能转换成需要的目标系统。

原型法的主要优点在于它是一种支持用户的方法，使得用户在系统生存周期的设计阶段起到积极的作用，能减少系统开发的风险。特别是在大型项目的开发中，由于用户对系统功能认识模糊，使得对项目需求的分析难以一次完成，往往会造成已完成的项目被多次修改，应用原型法则会避免这种风险。

原型法的概念既适用于系统的重新开发，也适用于对系统的修改；利用原型法开发系统需要有良好的软件开发环境和工具的支持。原型法也可以与传统的生命周期方法相结合使用，以便扩大用户参与需求分析、初步设计及详细设计等阶段的活动，加深对系统的理解。

管理信息系统平台模式大体上分为四种：主机终端模式、文件服务器模式、C/S 模式和 B/S 模式。主机终端模式由于硬件选择有限，硬件投资得不到保证，已被逐步淘汰。而文件服务器模式只适用小规模的局域网，对于用户多、数据量大的情况就会产生网络瓶颈，特别是在互联网上不能满足用户要求。因此，现代企业管理信息系统平台模式应主要考虑 C/S 模式和 B/S 模式。

（1）C/S 模式 两层结构的 C/S（Client/Server）模式在 20 世纪八九十年代得到大量的应用。C/S 模式由两部分构成：前端是客户机，通常是 PC；后端是服务器，运行数据库管理系统，提供数据库的查询和管理。

但两层结构的 C/S 模式存在以下几个局限：它是单一服务器且是以局域网为中心的，所以难以扩展至大型企业广域网或 Internet；受限于供应商；软、硬件的组合及集成能力有限；难以管理大量的客户机。

因此，三层结构的 C/S 模式应运而生。三层结构的 C/S 模式是伴随着中间件技术的成熟而兴起的，核心思想是利用中间件将应用分为表示层、业务逻辑层和数据存储层三个不同的处理层次。三个层次的划分是从逻辑上分的，具体的物理分法可以有多种形式。

三层 C/S 结构具有以下优点：具有灵活的硬件系统构成；提高程序的可维护性；利于变更和维护应用技术规范；进行严密的安全管理；应用越关键，用户的识别和存取权限设定越重要。

（2）B/S 结构　基于 Web 的 B/S（Browser/Server）方式其实也是一种客户机/服务器模式，只不过它的客户端是浏览器。

B/S 结构中处于第一层的是客户端，处于第二层的是应用服务器，由一台或者多台服务器组成，该层具有良好的可扩充性，可以随着应用的需要增加服务器的数目。处于第三层的是数据层，由数据库系统和遗留系统组成。

B/S 的优势在于：简化了客户端，简化了系统的开发和维护，用户操作变得更简单，适用于网上信息发布。

6.5.2　软件构件技术

所谓软件构件化，就是要让软件开发像机械制造工业一样，可以用各种标准和非标准的零件来进行组装。软件的构件化和集成技术的目标是：软件系统可以由不同厂商提供的，用不同语言开发的，在不同硬件平台上实现的软件构件，方便地、动态地集成。这些构件要求能互操作，它们可以放在本地的计算机上，也可以分布式地放置在网上异构环境下的不同结点上。

面向对象的方法和技术是继结构化方法之后出现的、最有代表性的软件开发方法，是当今软件开发的主流技术。但是，面向对象所提供的优点主要是针对分析、设计和源代码等软件开发阶段的，一个面向对象的代码经过编译、连接后得到的可执行软件则是不可改变的、无法重用的。

因此，我们需要一种新的、不依赖于某种特定语言的、在二进制代码级可复用的软件"对象"，这种"对象"就是构件（Component）。

构件技术是一种软件实现的技术和方法，是对面向对象方法在二进制代码级的完善和补充。构件是由接口构成的，它把接口和接口的实现分离开了。接口是独立于语言的一种描述，它将内部的实现以及接口到实现的映射都封装起来，外界只能通过接口描述使用构件。因此，接口用哪种语言实现也就无关紧要了。

从软件体系结构的角度看，构件技术中的构件只是提供一个软件模块的实现，作为一个软件系统，它还需要连接子（Connector）将软件模块组织成一个整体。有各种各样组织软件模块的形式：管道和过滤器、层次、基于事件的隐式调用等。管道和过滤器模型最容易实现软件模块的集成，但只能处理简单的、流式的应用，没有普遍性。层次模型可提供不同级别的抽象，但层与层之间存在着紧密的耦合，而且，这种模型也没有普遍性。基于事件的隐式调用的方式是，构件向系统发出请求，已经向系统注册响应该事件的构件就响应该事件。这种模型将调用者和被调用者彻底地分开，这种软件体系结构模型具有很强的灵活性，也具有通用性。

构件技术最初是为了能充分地利用在各种环境下，用各种程序设计语言开发的软件模块而提出的一种二进制代码级的软件复用技术。通过接口，这种不依赖于具体语言的中性机制使各种语言之间可以互操作，也就是说，使用一种语言可通过接口访问用另一种语言开发的软件，而不需要移植工作，这大大地提高了软件的复用程度。

6.5.3　软件复用技术

软件复用就是将已有的软件成分用于构造新的软件系统。可以被复用的软件成分一般称作可复用构件，无论对可复用构件原封不动地使用还是做适当的修改后再使用，只要是用来构造新软件，则都可称作复用。软件复用不仅是对程序的复用，还包括对软件生产过程中任何活动所产生的制成品的复用。如果是在一个系统中多次使用一个相同的软件成分，则不称作复用，而称作共享；对一个软件进行修改，使它运行于新的软硬件平台，也不称作复用，而称作软件移植。

未来最有可能产生显著效益的复用是对软件生命周期中一些主要开发阶段的软件制品的复用，按抽象程度的高低，可以划分为如下的复用级别：

1. 代码复用

代码复用包括目标代码的复用和源代码的复用。其中，目标代码的复用级别最低，历史也最久，当前大部分编程语言的运行支持系统都提供了连接（Link）、绑定（Binding）等功能来支持这种复用。源代码的复用级别略高于目标代码的复用，程序员在编程时把一些想复用的代码段复制到自己的程序中，但这样往往会产生一些新旧代码不匹配的错误。要想大规模实现源程序的复用，只有依靠含有大量可复用构件的构件库。如"对象链接及嵌入"（OLE）技术，既支持在源程序的级别上定义构件，用以构造新的系统，又使这些构件在目标代码的级别上仍然是一些独立的可复用构件，能够在运行时被灵活地重新组合为各种不同的应用。

2. 设计的复用

设计结果比源程序的抽象级别更高，因此它的复用受实现环境的影响较小，从而使可复用构件被复用的机会更多，并且所需的修改更少。这种复用有三种途径：第一种途径是从现有系统的设计结果中提取一些可复用的设计构件，并把这些构件应用于新系统的设计；第二种途径是把一个现有系统的全部设计文档在新的软硬件平台上重新实现，也就是把一个设计运用于多个具体的实现；第三种途径是独立于任何具体的应用，有计划地开发一些可复用的设计构件。

3. 分析的复用

这是比设计结果更高级别的复用，可复用的分析构件是针对问题域的某些事物或某些问题的抽象程度更高的解法，受设计技术及实现条件的影响很小，所以可复用的机会更大。复用的途径也有三种，即从现有系统的分析结果中提取可复用构件，用于新系统的分析；用一份完整的分析文档作为输入，产生针对不同软硬件平台和其他实现条件的多项设计；独立于具体应用，专门开发一些可复用的分析构件。

4. 测试信息的复用

测试信息的复用主要包括测试用例的复用和测试过程信息的复用。前者是把一个软件的测试用例在新的软件测试中使用，或者在软件做出修改时在新的一轮测试中使用。后者是在测试过程中通过软件工具自动地记录测试的过程信息，包括测试员的每一个操作、输入参数、测试用例及运行环境等一切信息。这种复用的级别不便和分析、设计、编程的复用级别做准确的比较，因为被复用的不是同一事物的不同抽象层次，而是另一种信息，但从这些信息的形态看，大体处于与程序代码相当的级别。

由于软件生产过程主要是正向过程，即大部分软件的生产过程是使软件产品从抽象级别较高的形态向抽象级别较低的形态演化，所以较高级别的复用容易带动较低级别的复用，因而复用的级别越高，可得到的回报也越大，因此分析结果和设计结果在目前很受重视。用户可购买生产商的分析件和设计件，自己设计或编程，掌握系统的剪裁、扩充、维护、演化等活动。

6.6　大屏幕技术

6.6.1　大屏幕技术介绍

随着信息化技术的提高，人们对于视觉欣赏的要求越来越高。"视觉冲击力"成为人们评判显示性能的一个标准。视觉冲击力不仅来自于清晰的画面，还来自超大尺寸的画面。为了满足这种需求，拼接墙应运而生。大屏拼接技术主要有背投大屏拼接（DLP）、液晶大屏拼接（LCD）和等离子大屏拼接（PDP）等。DLP主流拼接技术经历了多年的市场考验，虽然有着高分辨率、大尺寸、拼缝小的诸多优势，但是面对PDP拼接，及新型的液晶拼接技术的冲击，市场占有率正在快速的下降。三种拼接墙的比较见表6-1。

表6-1　三种拼接墙比较

项目	DLP	LCD	PDP
亮度	中间≤500cd/m² 四角≤250cd/m²	500～2000cd/m²	640～1000cd/m²
对比度	1000∶1	1000∶1	10000∶1
亮度和对比度是显示设备的两个重要指标，跟普通液晶相比，等离子的亮度和对比度略高，是因为它们的测算方法不一样，如果使用美国国家标准（ANSI）测试，用同一幅图上的黑白做比较，等离子和液晶参数相同			
分辨率	低，1024×768 像素（50in） SXGA+(80in)	高，1366×768 像素（46in）	低，852×480 像素（42in）
显示屏是用来输出高清晰图像和视频的，因此清晰度也非常重要，对于显示技术，考察清晰度高低的关键是看分辨率的大小，目前，大屏幕液晶的物理分辨率可达到2024×1080 像素，所以从分辨率和清晰度的角度看，等离子（MPDP）要略逊液晶一筹			
色彩饱和度	较低	92%［液晶显示技术（DID）屏］	90%
饱和度越高，显示图像的色彩越鲜明、艳丽			
功耗/W	300～500	200	500
等离子耗电量大，但新的技术应用虽然在一定程度上降低了耗电量、发热量，还可延长使用寿命。液晶在工作时屏幕的温度要比等离子的低不少，对于重量轻、厚度薄的显示设备，高能耗的等离子屏幕要求散热条件很高，如果不留出足够的散热空间，容易导致屏幕因温度过高而产生故障			
寿命/h	8000～10000	50000	60000
体积	厚，较大	轻薄	轻薄
背投技术体积与重量过大，长时间不间断工作，加快背光灯老化			
拼缝	最小，小于0.5mm，接缝数量小，整体显示效果好	有，新的能达到7.3mm，由于接缝数量多影响整体效果	较小，新的小于3mm，接缝数量多，影响整体效果
烧屏	基本不会灼伤	不会灼伤	有灼伤
灼伤现象表现为静止图像停留在一个位置较长时间以后，会在屏幕上留下阴影			
控制成本	控制器速度响应较快，性能稳定，可以任意开窗口显示图像	单屏显示面积小，同样面积显示屏幕数量多，增加了控制器成本，响应速度慢	单屏显示面积小，同样面积显示屏幕数量多，增加了控制器成本，响应速度慢
维护成本	高：长时间使用需要更换灯泡，后期维护成本昂贵	低：液晶屏背光源的使用时间为10000h，寿命长，成本相对较低	较高：随着亮度的衰减到一定程度，需要更换显示板来提高亮度，成本相对较高

注：1in=2.54cm。

6.6.2 等离子拼接技术分析

大屏幕显示系统是其他所有子系统产生的信息的终端表达设备，一个好的大屏幕显示系统不仅是管理控制中心现代化的形象设备，更重要的是在其他子系统的支持下，成为日常工作中不可或缺的重要组成部分。

在当今大屏幕显示领域，产品种类繁多，技术日益更新。人们从系统可用性、先进性、可靠性、可扩充性、可维护性和经济性出发，选择等离子拼接信息显示系统。

1. 系统可用性

根据客户对大屏幕显示系统提出的系统规模和应用要求，在系统中选择合适的产品，满足对大屏幕显示系统的应用需求。利用等离子内置图像处理系统，配合信号切换，可以选择任一路信号在大屏幕上的显示；选择外置图像处理器，连接现有网络，满足网络信号和视频信号的组合显示等需求，满足计算机网络图形、非网络信号和各种视频信号的接入显示；通过中文控制软件，实现大屏幕显示系统的图像拼接成全屏或单屏显示和图像缩放。

2. 系统先进性

采用的系统结构应该是先进、开放的，整个系统能体现当今多媒体技术的发展水平，具有前瞻性和完整性。

与同为最新平面显示技术的薄膜晶体管液晶显示器（TFT-LCD）、有机电致发光显示器（OLED）相比，等离子显示器具备大屏幕、单位面积成本低、显示质量优异等特点，因此将成为未来最具发展前景的大型显示器件，并最终取代传统阴极射线管显示技术显示器（CRT）及背投影。

等离子是当今世界的最新显示和处理技术。作为大屏幕显示系统的显示单元，它不但能够直接输入 RGB 和 Video 信号，还可以通过图像处理系统，实现图像的任意缩放，配合信号切换可以实现多路信号的同时输入，并可任意选择一路信号在大屏幕上任意单屏的显示。它不但具有强大的显示控制功能和简易直观的操作界面，而且还具有独特的图像拼接自动矫正功能。

对 $M×N$ 的拼接显示屏来说，外置图像处理器的设定，使显示操作更加方便灵活，并可满足不同显示方式的需求。

为满足各类大型显示中心（如监控、指挥调度、会议系统）应用特点，所采用的大屏幕显示系统除应具备优良的显示特性，如高亮度、对比度、高分辨率、宽视角、亮度及色彩均匀外，更应具备能够长期连续、安全稳定运行的特性，同时为降低日常维护和维修对资金和时间的浪费，该显示系统应满足"维护简便、无耗材"的要求。

3. 系统可靠性

整个系统可以按照需求全天 24h、一年 365d 连续工作，所以整个大屏幕显示系统必须具有高可靠性、高稳定性等特点，以保证系统常年连续正常运行。由于采用先进的等离子显示技术，等离子拼接大屏幕 24h/d 长期连续运行不会对显示单元产生任何损坏，对显示效果没有任何影响。从安装调试完毕到使用数年后，都能保持相同的显示效果，达到同样的清晰度、分辨率、显示精度。

4. 系统可扩充性、可维护性

要为系统以后的升级预留空间，系统维护是整个系统生命周期中所占比例最大的部分，要充分考虑结构设计的合理、规范，对系统的维护可以在很短时间内完成。

我们所推荐的整套系统具有易维护的特点。目前主流等离子显示器产品的使用寿命达到 60000h。使用寿命是等离子显示器件专用的技术参数。该寿命大大超过了多数传统 CRT、LCD、DLP 显示设备的使用寿命。

5. 系统经济性

合理的性能价格比是系统设计中应当考虑的重要内容。因此，所选用的设备在兼顾良好性能的基础上也要考虑经济性，除考虑系统总体造价外，还应当考虑系统长期运行的成本。

根据行内的经验，DLP 投影电视墙一年仅灯泡的更换费用（以 10 块屏为例）就高达七八万元人民币。所以，选择等离子拼接大屏幕除了含有 PDP 的优势外还有完善质保体系，质量稳定、服务优良的国际知名产品才是明智的选择。

总而言之，总体选型原则是：该系统应该是采用技术先进、成熟可靠、可管可用、性能优秀、灵活扩展、标准开放的系统，并且能够综合考虑到该系统的中长期发展计划，在系统结构、系统应用、系统管理、系统性能等各个方面适应未来多媒体应用的发展，最大限度地保护用户的投资。

6.7 虚拟现实技术

6.7.1 虚拟现实技术介绍

虚拟现实是计算机与用户之间的一种更为理想化的人-机界面形式。近些年，尤其是硬件改进之后，虚拟现实技术得到迅速的发展。用户往往通过一些特殊的硬件与计算机进行交互，从而使人仿佛置身于另一个世界中。在虚拟环境中进行漫游，并允许操作其中的"物体"，因此虚拟现实技术可以用来代替现实中的某些物体与场景而在计算机中模拟该物体或场景，是一个从现实化到数字化的过程。随着世界数字化进程的加速，虚拟现实技术越来越受到人们的重视。

在计算机出现的初期，在 DOS 系统仍得到最广泛应用时，人们往往会为在屏幕上写一个像素而费尽心思。往往由程序员创建大量的图形图像函数来完成各种各样的绘制功能，而撰写程序则依赖于这些函数库。在硬件与软件的双重限制下，工作效率十分低下，但形成了最初的图形学函数库，它演变至今称为图形图像引擎。1965 年，计算机图形学的奠基人 Ivan Sutherland 发表了 "The Ultimate Display" 论文，提出了一种全新的图形显示技术。Sutherland 博士给出了虚拟现实的经典描述，也就是今天人们所说的虚拟现实的概念：

1）计算机向人们提供各种感官刺激，包括视觉、听觉、嗅觉、触觉等。

2）计算机向介入者——人提供一种沉浸感。

3）计算机与人能够很自然地交互。

随着各种硬件的迅猛发展，计算机通过这些非常特殊的硬件能够与人产生非常真实、自然的交互。随着人们对计算机处理能力的需求增大，硬件能力增强，人们使用硬件对数据的处理量也在增大。

海量地形数据的处理则广泛应用在各种仿真项目中。然而，现实中处理海量地形数据对硬件要求非常高，最少需要图形工作站这样的规模才能承受得起海量数据计算这样大的消耗。在普通微机上处理海量数据和演示大地形场景几乎不太可能。人们使用各种虚拟现实引擎来满足自己的需求，从底层开发变得不是非常经济与可行。于是，大多数的人都会选择一种引擎来处理自己庞大的数据流。国际上有两种规格的引擎可供大家选择：一种称作商业引擎，另一种是开源引擎。商业引擎与开源引擎在现实中的应用都非常广泛。其中，开源引擎仍由其开源和免费以及易用性占有一定的优势。OpenSceneGraph 是一款目前非常流行的开源引擎，广泛应用在中小型仿真项目中。

6.7.2　OpenSceneGraph 简介

1998 年，OpenSceneGraph 诞生。在此前 Don Burns 受雇于 Silicon Graphics（SGI），在业余时间喜欢滑翔运动。正因为对计算机图形学和滑翔机同样热衷，以及对尖端渲染设备的了解，他使用 Performer 场景图形（SGI 专有）系统，设计了一套基于 SGI Onyx 的滑翔仿真软件 SceneGraph（SG）。后来，Don 在滑翔爱好者的邮件组中遇到了 Robert Osfield。那时 Robert 在 Midland Valley Exploration 工作。Robert 同样对计算机图形学和可视化技术有着浓厚兴趣，两人开始合作对仿真软件进行改善。Robert 倡导开源，并提议将 SG 作为独立的开源场景图形项目继续开发，并由自己担任项目主导。项目的名称改为 OpenSceneGraph（OSG）。1999 年，Robert Osfield 开始着手完善该项目并把它移植到 Windows 下。在 1999 年 9 月，OpenSceneGraph 宣布开源，OpenSceneGraph.org 应运而生。

OpenSceneGraph 与老一代的基础仿真引擎相比具有的优势如下：

1）产品的内核采用标准的场景图结构。通过对各类遍历场景图的算法进行优化，具备了最高效率的场景结构与访问方法，通过对并行功能的加强，使得多个 CPU 可以对同一场景图进行硬件支持的高效运算。

2）直接从内核开始支持最新发布的 OpenGL2.0 版本的功能。目前大多数仿真软件仍然基于 OpenGL1.5 或者更早期的版本，已经不能满足日益提高的仿真市场的需求。

3）支持已经成为世界标准的 GLSL，使得仿真效果的真实性大为提高。老式的仿真软件由于开发年代久远和限于当时的硬件条件，在效果的视觉真实性方面一直存在让人感觉很不舒服的效果真实性问题，而仿真软件的一大目标就是要让人们能得到与真实接近的计算机仿真结果，不真实的仿真结果与这一目标是背道而驰的。

4）内置块状地形分割与降解的高速算法。能处理以地球为规模的大地形仿真工程。

5）直接与显示硬件相关联的二进制文件格式。可以快速地装入大量的数据到显示内存中。

6）能直接处理大量模型数据的场景编辑器。老式的仿真软件受限于研发时的硬件条件，通常以少量的面片作为仿真场景编辑器的处理单位。随着显示硬件的飞速发展，仿真场景能处理的模型的复杂度与数据量都大幅度增长，老式仿真软件的模型与数据处理能力不再与新的仿真硬件相匹配，从而面临淘汰的命运。

7）可以快速地提高仿真场景的制作效率与所得到结果的真实性。许多老式的仿真软件自带具备建模能力的场景编辑器，但由于这类场景编辑器不是主流的建模的软件，结果随着时间的推移和相关软件的发展，当时非常领先的工具经过许多年后已经不再先进，反而变成一个提高仿真模型与场景生产效率的阻碍因素。OSG 通过专为当今较为先进的几大三维建模及动画软件（如 3ds max、Maya等）编写插件的方式可以直接支持与读入这些软件的工作结果，无论在模型的生产效率方面还是在场景的真实性方面都有质的飞跃。

8）通过软件提供的外围数据库接口，可以方便地将仿真场景与外围的数据库中的内容进行动态挂接。甚至只需写上几句 Visual Basic 语句就可以将场景中的物体与数据库挂接起来，而老式的仿真软件通常提供 C++的数据库接口，这样将提高仿真软件使用者的技能要求，会将一大批懂专业但编程能力不是很强的很有价值的专业人士排除在仿真领域之外。OpenSceneGraph 同样存在一些问题，随着用户的增多，更多使用中的问题被发现，OpenSceneGraph 所采用的机制也决定着在使用中会存在一些问题。

6.7.3　建模技术介绍

虚拟现实是在虚拟的数字空间中模拟真实世界中的事物，这就需要真实世界的事物在数字空间中的表示，于是催生了虚拟现实中的建模技术。虚拟现实对现实"虚拟"得到底像不像，是与建模技术紧密相关的。因此，建模技术的研究具有非常重要的意义，得到了国内外研究人员的重视。

数字空间中的信息主要有一维、二维、三维几种形式。一维的信息主要指文字，通过现有的键盘、输入法等软件和硬件。二维的信息主要是指平面图像，通过照相机、扫描仪、PhotoShop 等图像采集与处理的软件和硬件。对于虚拟现实技术来说，事物的三维建模是更需要关注的核心，也是当今的难点技术。按使用方式的不同，现有的建模技术主要可以有基于几何造型、利用三维扫描仪、基于图像等几种。

1. 基于几何造型的建模技术

基于几何造型的建模技术是由专业人员通过使用专业软件（如 AutoCAD、3ds max、Maya）等工具，通过运用计算机图形学与美术方面的知识，搭建出物体的三维模型，有点类似画家作画。这种造型方式主要有三种：线框模型、表面模型与实体模型。

1）线框模型只有"线"的概念，使用一些顶点和棱边来表示物体。对于房屋、零件设计等更关注结构信息，对显示效果要求不高的计算机辅助设计（CAD）应用，线框模型以其简单、方便的优势得到较广泛的应用。AutoCAD 软件是一个较好的造型工具。但这种建模方法很难表示物体的外观，应用范围受到限制。

2）表面模型相对于线框模型来说，引入了"面"的概念。对于大多数应用来说，用户仅限于"看"的层面，对于看得见的物体表面，是用户关注的，而对于看不见的物体内部，则是用户不关心的。因此，表面模型通过使用一些参数化的面片来逼近真实物体的表面，就可以很好地表现出物体的外观。这种方式以其优秀的视觉效果被广泛应用于电影、游戏等行业中，也是人们平时接触最多的。3ds max、Maya 等工具在这方面有较优秀的表现。

3）实体模型相对于表面模型来说，又引入了"体"的概念，在构建了物体表面的同时，深入到物体内部，形成物体的"体模型"，这种建模方法被应用于医学影像、科学数据可视化等专业应用中。

2. 利用三维扫描仪

理论上说，对于任何应用情况，只要有了方便的建模工具，有水平的建模大师都可以用几何造型技术达到很好的效果。然而，随着科技的发展，人们总希望机器能够帮助人干更多的事。于是，人们发明了一些专门用于建模的自动工具设备，被称为三维扫描仪。它能够自动构建出物体的三维模型，并且精度非常高，主要应用于专业场合，当然它的价格也非常高，一套三维扫描仪价格动辄数十万元，并非普通用户可以承受得起的。三维扫描仪有接触式与非接触式之分。

（1）接触式三维扫描仪　需要扫描仪接触到被扫描物体。它主要使用压电传感器，捕捉物体的表面信息，这种设备价格稍便宜，但使用不方便，已经不是主流。

（2）非接触式三维扫描仪　不需要接触被扫描物体，就可捕捉到物体表面的三维信息。它根据使用传感器的不同，有超声波、电磁、光学等多种不同类型。其中，光学非接触式三维扫描仪有结构简单、精度高、工作范围大等优点，得到了广泛的应用。激光扫描仪、结构光扫描仪技术是当今较主流的方向，它的扫描结果可以达到非常高的精度。

总体来说，三维扫描仪以其高精度的优势而得到应用，但由于传感器容易受到噪声干扰，还需要进行一些后期的专业处理，如：删除散乱点、点云网格化、模型补洞、模型简化等。

3. 基于图像的建模技术

专业的三维扫描仪虽然可以弥补几何建模需要大量人工操作的麻烦，并且可以达到很高的建模精度，但高昂的设备费用、专业的操作步骤，却使得它无法得到很好的推广。此外，它只可以得到物体表面的几何信息，对于表面纹理，仍旧无法自动获得。针对这些问题，计算机领域的专家们结合了最近发展的计算机图形学与计算机视觉领域的知识，实现了基于图像的建模技术（Image Based Modeling），这种技术只需使用普通的数码相机拍摄物体在多个角度下的照片，经过自动重构，就可以获得物体精确的三维模型。通过使用图像中不同的信息，这种技术又可以分成以下几类：

（1）使用纹理信息　这种方法通过在多幅图像中搜索相似的纹理特征区域，重构得到物体的三维特征点云，它可以得到较高精度的模型，但对于纹理特征比较容易提取的建筑物等规则物体效果较好，不规则物体的建模效果不理想。

（2）使用轮廓信息　这种方法通过分析图像中物体的轮廓信息，自动得到物体的三维模型，这种方法鲁棒性较高，但是由于从轮廓恢复物体完全的表面几何信息是一个病态问题，不能得到很好的精度，特别是对于物体表面存在凹陷的细节，由于在轮廓中无法体现，在三维模型中会丢失。这种方法比较适用于对精度要求不是很高的场合，如游戏、人机工效等。

（3）使用颜色信息　这种方法基于 Lambertian 漫反射模型理论，它假设物体表面点在各个视角下的颜色基本一致。因此，根据多张图像颜色的一致性信息，重构得到物体的三维模型，这种方法精度较高，但由于物体表面颜色对环境非常敏感，这些方法对采集环境的光照等要求比较苛刻，鲁棒性也受到影响。

（4）使用阴影信息　这种方法通过分析物体在光照下产生的阴影，进行三维建模。它能够得到较高精度的三维模型，但对光照的要求更为苛刻，不利于实用。

（5）使用光照信息　这种方法给物体打上近距离的强光，通过分析物体表面光反射的强度分布，运用双向反射比函数（Bidirectional Reflectance Distribution Function）等模型，分析得到物体的表面法向，从而得到物体表面三维点面的信息，这种方法建模精度较高，而且对于缺少纹理、颜色信息（如瓷器、玉器）等其他方法无法处理的情况非常有效，然而它的采集过程比较麻烦，鲁棒性也不高。

（6）混合使用多种信息　这种方法综合使用物体表面的轮廓、颜色、阴影等信息，提高了建模的精度，但多种信息的融合使用比较困难，系统的鲁棒性问题无法根本解决。

基于图像的建模技术是当今虚拟现实建模技术研究的热点，也是未来几年重点的研究方向，它可以极大地降低虚拟现实中建模环节的门槛与成本。虽然现在还有一些技术门槛需要克服，但相信用不了几年的时间，使用基于图像的建模技术的产品就可以达到实用的程度，到时候，只要使用普通的数码相机，就可以"照出"一个三维模型。

6.8　海底电缆路由监控系统的实现

海缆路由监控系统需求分析简图（示意图）如图6-15所示。

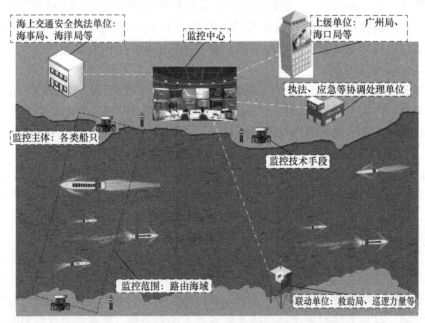

图6-15　海缆路由监控系统需求分析简图（示意图）

由图 6-15 可以看出，海缆路由监控系统涉及以下几方面的需求：

1）监控主体：通过海缆监控区域的各类船只、海缆区域气候和环境等。

2）监控范围：海缆路由区域。

3）监控技术手段：对海缆路由区域及监控主体的各类采集手段。

4）监控中心：对海缆路由行使监控职责的主要载体。

5）上级单位：监控中心的直属上级单位。

6）下属单位：直属监控中心的巡逻力量、终端站等。

7）海上交通安全执法单位：主要为海事局、海洋部门等，对监控主体、监控区域的行政管辖权。

8）联动单位：主要为渔政、救助局、海警部门等，在发生特殊情况时需要协作的单位与资源。

6.8.1　海底电缆路由监控的主要职能

海缆路由监控的主要承担部门为海缆路由监控中心，它的主要职能如下：

（1）海缆路由海域船舶动态的日常监控　利用雷达系统、VTS 系统、船舶自动识别系统和电视监控系统、信息处理系统、计算机辅助决策系统等手段，对海缆路由水域内的船舶进行监视，实时掌握船舶动态，并可用于事故处理中对险情的全过程跟踪。

（2）接收及核实海缆路由水域的报警　建立完善可靠的报警渠道，对报警做出快速反应，并迅速将报警信息传送给相关部门（上级单位、主管部门以及巡逻单位等）。具有误报警和重复报警的识别和处理能力，能及时评估事故的紧急程度，以统一标准的电子文档详细记录报警信息。

（3）处理险情的辅助决策　利用网络和数据库系统及时查询报警船舶的信息、气象环境信息和巡逻力量的分布信息，利用地理信息系统直观地显示和模拟现场险情的发展情况，及时评估险情的变化情况，适时修改、调整报警解除方案。

（4）调度指挥　通过海上安全通信系统（VHF 和单边带）、无线对讲系统和公众通信网络与报警船舶、各巡逻单元保持有效、可靠的通信联系，及时获取各种信息，布置险情解除任务、调动外部资源、协调险情解除行动。

6.8.2　能力模型

由本书第 2.1 节的分析可知，海缆路由监控可以归纳为必须具备以下几方面的能力。

1. 信息采集能力

1）能及时获取船舶动态监控系统（如 VTS、AIS、CCTV 和船舶报告系统

等）覆盖区域内船舶动态和目标的位置、航向和航速等数据（海事 VTS 接口能力）。

2）能够获取船舶的档案数据。

3）能够通过巡逻船获取水域的气象和水文信息。

4）能及时获取险情信息。

5）能够获取现场的图像信息。

6）能够获取巡逻力量、协助力量的分布和动态信息。

7）接收上级机关、各协助单位和内部部门提供的有关信息。

2. 信息处理和显示能力

1）综合处理显示 VTS、AIS、CCTV 和船舶等信息。

2）能够在电子海图上显示船舶位置及其所处水域的船舶动态和气象水文等信息。

3）能够同时观测全海缆路由区域的船舶动态。

4）能够同时处理两起险情事故。

5）能够与海事局以及相关单位进行通信、联动指挥。

6）具备海图辅助作业功能，及时查询和统计各种数据。

7）支持多中心分布式显示。

3. 通信与调度能力

1）具备 7d×24h/d 值守能力。

2）支持多种通信手段的能力（VHF、船用单边带、无线对讲等）。

3）能与船舶直接通信。

4）能与上级单位和协助单位快速通信。

5）具备识别呼叫号码的能力。

4. 辅助决策能力

1）自动/人工从相关数据源获取数据，为交通管理和搜救人员提供详细、准确、全面的数据。

2）能够设置告警门限，智能划分和监控高危险海缆路由海域。

3）建立辅助决策模型，能对某一具体海域告警制定出一个或多个告警解除方案，并能将海图、VTS 数据以及 CCTV 数据同步展现。

4）监控中心录存的船舶航行轨迹能与海事局录存的数据进行合理比对。

5. 信息存储能力

1）所有语音通信都要录音，并至少保留一年。

2）船舶动态数据至少保留一年。

3）险情数据长期保存。

6. 数据交换能力

1）与上级部门联网，进行信息交换。

2）以专线或拨号方式与海事局或协助单位信息联网，获得相关数据信息。

3）将海缆监控中心以自组网的形式接入南方电网专用环路，实现内部数据交换。

4）海缆监控区域全海域无线 IP 覆盖能力，支持海缆监控区域的移动数据交换。

6.8.3　结构模型

依据海缆路由监控的概要需求模型和能力模型，综合系统建设的不同特点，海缆路由监控系统的建设包括以下 11 个系统，系统结构模型图如图 6-16 所示。

图 6-16　系统结构模型图

1）VTS 接口及备份子系统：该子系统包括 VTS 接口、AIS 备份、雷达备份等构成。

2）气象子系统：微型气象监测装置，能够监测风速、风向、温度和湿度、气压、雨量等，且这些信息都能够接入监控系统。

3）数据处理子系统：该子系统处理雷达、AIS、气象、视频、语音等多传感器采集数据的分析、整理、过滤、提取、融合、存储等。

4）通信与调度子系统：VHF 通信子系统、单边带子系统、调度平台、短信网关等。

5）信息传输子系统：该系统完成自主通信网络规划，包含核心网络、移动网络以及接入网规划等。

6）CCTV 监控子系统：岸基视频监控、船载移动视频监控、音频广播系统。

7）综合显示与告警子系统：该系统包含 VTS 数据、海图数据、视频、语音、气象等的综合显示，海缆路由海域船舶的智能分析与告警等。

8）管理信息子系统：包括资源管理、调度、政府职能部门数据交换接口、海事值班会商、应急管理、专家管理、辅助决策等。

9）记录重放子系统：包括雷达视频、VTS 数据、AIS 数据、操作员动作、语音记录与其他。任一连接在主网络上的工作台可以进行这些信息同步回放。

10）大屏幕显示子系统。

11）三维展现子系统。

表 6-2 为结构模型与能力实现分析对照。

表 6-2　结构模型与能力实现分析对照

结构	能力					
	信息采集	信息处理和显示	通信与调度	辅助决策	信息存储	数据交换
VTS 接口及备份子系统	√	—	—	√	—	√
气象子系统	√	√	—	√	√	√
数据处理子系统	√	—	—	√	√	√
通信与调度子系统	—	√	√	√	—	√
信息传输子系统	—	—	√	√	—	√
CCTV 监控子系统	√	√	—	√	√	—
综合显示与告警子系统	—	√	—	√	—	√
管理信息子系统	√	√	—	√	√	√
记录重放子系统	—	—	—	√	√	√
大屏幕显示子系统	—	√	—	√	—	—
三维展现子系统	—	√	—	√	—	√

第 **7** 章

抛石后保护石坝稳定性研究

7.1 抛石保护概述

　　海南联网 500kV 海底电缆保护工程方案确定为全程掩埋，埋深为 1.5～2.0m。由于部分地段海床地质条件基本为硬土，间有少量岩石，因此部分海底电缆埋深未达到设计要求。琼州海峡来往船只众多，海底电缆受抛锚威胁较大，对海底电缆的后续保护是非常重要和急迫的，需保护地段的长度总计约为 20km，拟采用抛石保护法。

　　海底电缆冲埋保护不达标段将采用抛石的方式进行保护，在海缆上方抛一层小碎石，然后抛另一层相对较大的石料保证具有一定的流体稳定性。小碎石层定义为过滤层，尺寸为 1～2in$^{\ominus}$（约 2.5～5cm），每一个需要抛石的地段都必须抛小碎石，即使在一些海缆已被掩埋一定深度的区域。另一层较大的石料层定义为铠装层，尺寸为 2～8in（约 5～20cm）。

　　过滤层主要是防范电缆被外层大石料砸伤，铠装层主要是确保抛石坝稳定性及防 1t 锚破坏电缆的能力。典型石坝截面如图 7-1 所示。

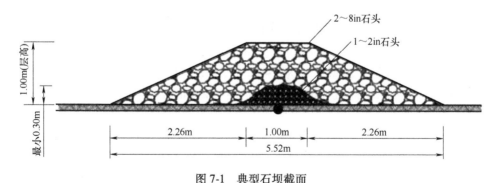

图 7-1　典型石坝截面

　　$\ominus$　以英制测量工具测量。

7.2　抛石保护模型研究

　　为保证琼州海峡海底电缆抛石工程安全可靠，满足保护海底电缆的工程要求和安全需要，对琼州海峡海底电缆抛石工程的稳定性进行水工物理模型试验研究和计算分析，结合当地工程条件，提出抛石工程的推荐方案。计算抛石施工对海底电缆的冲击力，校核施工安全。

　　水工物理模型试验的目的是根据自然资料和设计资料，以重力相似准则进行抛石的极限稳定性试验，获取极限设计参数。根据试验结果，对块体重量、抛石坝形状等参数进行分析，并提出不同典型断面的技术方案。同时，根据工程所在位置的实测资料，结合施工单位的施工方案进行抛石体高度的安全验算及方案优化。

　　分析计算的目的是结合抛石工艺和海底电缆的设计强度，计算抛石施工过程中抛石块体对海底电缆的冲击力，进而校核施工安全，保障海底电缆工程的安全性和可靠性。

7.3　物理模型试验研究内容

7.3.1　抛石块体临界重量稳定性试验

　　1）火山岩石料，原型尺寸分别为 2~3in、3~4in、4~6in、6~8in。在 5m、10m、15m、20m 及以上水深条件下，验证抛石堤坝（设计断面）在不同流速海流条件（1.0~2.0m/s）下外层抛石块体的稳定性。

　　2）玄武岩石料，原型尺寸分别为 2~3in、3~4in、4~6in、6~8in。在 5m、10m、15m、20m 及以上水深条件下，验证抛石堤坝（设计断面）在不同流速海流条件（1.0~2.0m/s）下外层抛石块体的稳定性。

　　3）火山岩石料，原型尺寸为 1~2in。在 5m、10m、15m、20m 及以上水深条件下，验证在不同流速海流条件（1.0~2.0m/s）下内层抛石块体的稳定性。

　　4）玄武岩石料，原型尺寸为 1~2in。在 5m、10m、15m、20m 及以上水深条件下，验证在不同流速海流条件（1.0~2.0m/s）下内层抛石块体的稳定性。

7.3.2　抛石块体设计断面整体稳定性试验

　　1）火山岩石料，内层抛石尺寸为 1~2in，外层为 2~8in 的混合料。在 5m、10m、15m、20m 及以上水深条件下，验证抛石堤坝（设计断面）在不同流速海流条件下整体的稳定性。

2）玄武岩石料，内层抛石尺寸为 1~2in，外层为 2~8in 的混合料。在 5m、10m、15m、20m 及以上水深条件下，验证抛石堤坝（设计断面）在不同流速海流条件下整体的稳定性。

3）火山岩石料，内层抛石尺寸为 1~2in，外层为 2~8in 的混合料。在 10m 水深条件（风暴潮影响范围）下，抛石堤坝（设计断面）在极限海流条件（2m/s）及极限波高条件共同作用下护面块石及整体的稳定性。

4）玄武岩石料，内层抛石尺寸为 1~2in，外层为 2~8in 的混合料。在 10m 水深条件（风暴潮影响范围）下，抛石堤坝（设计断面）在极限海流条件（2m/s）及极限波高条件共同作用下护面块石及整体的稳定性。

7.3.3　抛石堤坝分段不同间距稳定性试验

1）火山岩石料，内层抛石尺寸为 1~2in，外层为 2~8in 的混合料。在 5m、10m、15m、20m 及以上水深条件下，验证抛石堤坝（设计断面）在坡脚间距分别为 11m、8m、4m、1m 情况时，不同流速海流条件下的稳定性。

2）玄武岩石料，内层抛石尺寸为 1~2in，外层为 2~8in 的混合料。在 5m、10m、15m、20m 及以上水深条件下，验证抛石堤坝（设计断面）在坡脚间距分别为 11m、8m、4m、1m 情况时，不同流速海流条件下的稳定性。

7.3.4　抛石堤坝级配稳定性试验

1）火山岩石料，外层石料 2~4in、4~6in、6~8in 三种石料体积比分别为 2:1:1、1:1:1、1:1:2 在 20m 及以上水深条件下，验证抛石堤坝（抛石自然形成形状）在不同流速海流条件下的稳定性。

2）玄武岩石料，外层石料 2~4in、4~6in、6~8in 三种石料体积比分别为 2:1:1、1:1:1、1:1:2 在 20m 及以上水深条件下，验证抛石堤坝（抛石自然形成形状）在不同流速海流条件下的稳定性。

7.3.5　抛石工艺影响块石偏移量试验

1）火山岩石料，原型尺寸分别为 1~2in、2~3in、3~4in、4~6in、6~8in 及混合料。在典型水深（20m 及以上）条件下，验证在不同流速海流（0.5m/s、1.0m/s）、不同漏斗底高度（2m、5m）条件下抛石块体的偏移量。

2）玄武岩石料，原型尺寸分别为 1~2in、2~3in、3~4in、4~6in、6~8in 及混合料。在典型水深（20m 及以上）条件下，验证在不同流速海流（0.5m/s、1.0m/s）、不同漏斗底高度（2m、5m）条件下抛石块体的偏移量。

7.3.6　抛石堤坝断面稳定性补充试验

1）火山岩石料，内层抛石尺寸为 1~2in，外层为 2~8in 的混合料。在 5m、10m、15m、20m 及以上水深条件下，验证抛石堤坝在梯形断面斜坡比为 1∶1.5、1∶3 的散抛自然坡角，在不同流速海流条件下的稳定性。

2）玄武岩石料，内层抛石尺寸为 1~2in，外层为 2~8in 的混合料。在 5m、10m、15m、20m 及以上水深条件下，验证抛石堤坝在梯形断面斜坡比为 1∶1.5、1∶3 的散抛自然坡角，在不同流速海流条件下的稳定性。

7.3.7　试验计算方法

根据工程海区海流动力要素及工程实施地点的石料条件，通过上述试验结果验证，计算分析满足稳定要求的块石尺寸。

根据工程海区环境动力因素，结合海缆设计强度，根据抛石工艺，并以试验数据为基础，计算抛石施工对海缆的冲击力，校核施工安全。

7.4　试验设备与试验方法

7.4.1　试验设备

1. 波流水槽

本次试验在波流水槽进行，波流水槽如图 7-2 所示，长 30m、宽 0.6m，高 1m。整体为钢架结构，槽首安装造波机，槽尾铺设消能区，两侧镶嵌 12mm 厚玻璃。

图 7-2　波流水槽

2. 造波系统

造波系统主要由造波机及消能设备构成。造波板选用推板式结构，采用低惯量直流电动机驱动。可模拟规则波、椭圆余弦波、孤立波、国内外常用频谱及自定义频谱所描述的各类不规则波。造波板由计算机全自动控制（见图7-3）。消波区的消波网如图7-4所示。

图7-3 推板式造波机

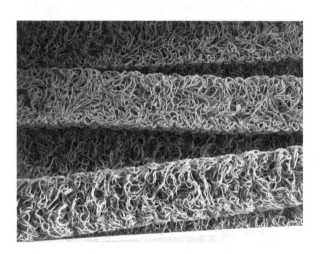

图7-4 消波网示例

造波控制软件界面如图7-5所示。通过改变造波板冲程，可调节波高参数；入射波周期则由造波板往复运动频率决定。造波时间控制在超过反射波到达造波板的时段，通过计算波数确定造波时间长短。

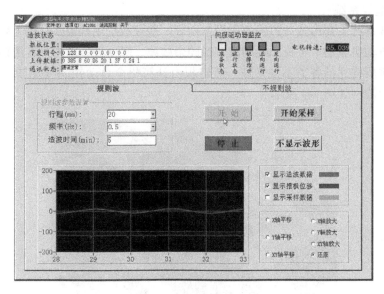

图 7-5　造波控制软件界面

3. 造流系统

试验中的造流系统如图 7-6 所示。该系统由造流管系及水泵组成，与水槽形成回路。造流泵采用轴流式及离心式水泵（见图 7-7），通过控制水泵桨叶转速，可对水槽内的流量进行精细操作。上述控制均由计算机自动控制完成，造流控制软件界面如图 7-8 所示。该造流系统的最大造流能力为 0.2m³/s，可满足本试验的要求。

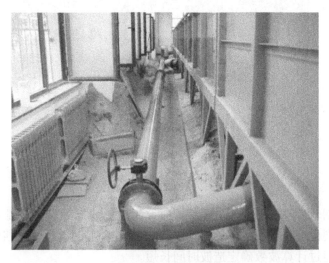

图 7-6　造流系统

图 7-7　离心式水泵

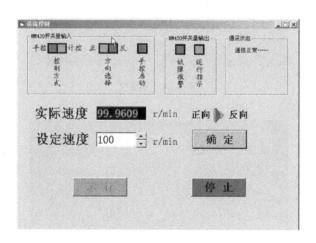

图 7-8　造流控制软件界面

4. 测试仪器

　　试验水槽流速测定采用旋桨式流速仪及信号测试设备（见图 7-9），波高与波周期的测量主要采用波高仪（见图 7-10）。数据采集则以 SG2000 型多功能数据采集及处理系统为平台（见图 7-11）。

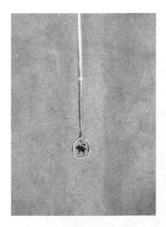

图 7-9　旋桨式流速仪及信号测试设备

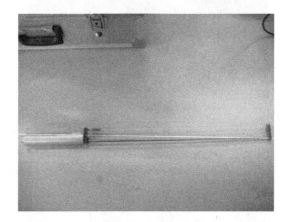

图 7-10　波高仪

图 7-11　SG2000 型多功能数据采集及处理系统

7.4.2   相似准则及模型比尺的确定

水工物理模型试验是指在模型中重演（或预演）与原型相似的水流现象以观测、分析和研究水流运动规律的手段。模型试验难以按研究对象的真实大小和实际流动场景进行，而它的几何形态、运动现象、主要动力特性、却仍应与原型相似。

同一模型中不同物理量（如深度、流速、压强等）的缩小倍数（即比尺）并不相同，但它们之间必须保持一定的比例关系。这关系不能任意设定，必须服从由基本物理方程或因次分析所导出的相似准则。试验中，应根据水流特性、研究目的和试验条件选定最主要的准则，以保持主要方面的相似，并使次要方面的影响限制在允许的范围之内。

在流体力学中，有自由水面并且允许水面上下自由变动的各种流动均为重力起主要作用的流动。因此，海流及波浪主要受重力作用，本模型长度比尺按照重力相似准则进行设计，原型与模型的弗劳德数相等。

试验仪器精度、现有水槽设备条件及必须满足的相似准则，综合考虑确定试验中的长度比尺 $\lambda = 25$，抛石堤坝基本断面按设计图确定，抛石堤坝断面设计尺寸如图 7-12 所示，其中梯形断面上底 $a = 1.0$m，高度 $h = 1.0$m，斜坡比 1：2（底坡宽度为 5.0m）。内层初步保护块石（1~2in）顶高程为 0.5m。

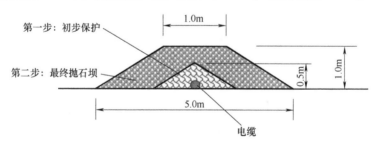

图 7-12   抛石堤坝断面设计尺寸

7.4.3   试验环境动力要素

不同水深条件下的试验海流动力要素见表 7-1。

表 7-1   试验海流动力要素

工况	原型值		模型值	
	水深/m	流速/（m/s）	水深/cm	流速/（cm/s）
1	5.0	1.0	20	20
2	5.0	1.2	20	24

（续）

工况	原型值		模型值	
	水深/m	流速/（m/s）	水深/cm	流速/（cm/s）
3	5.0	1.4	20	28
4	5.0	1.6	20	32
5	5.0	1.8	20	36
6	5.0	2.0	20	40
7	10.0	1.0	40	20
8	10.0	1.2	40	24
9	10.0	1.4	40	28
10	10.0	1.6	40	32
11	10.0	1.8	40	36
12	10.0	2.0	40	40
13	15.0	1.0	60	20
14	15.0	1.2	60	24
15	15.0	1.4	60	28
16	15.0	1.6	60	32
17	15.0	1.8	60	36
18	15.0	2.0	60	40
19	20.0 及以上	1.0	80	20
20	20.0 及以上	1.2	80	24
21	20.0 及以上	1.4	80	28
22	20.0 及以上	1.6	80	32
23	20.0 及以上	1.8	80	36
24	20.0 及以上	2.0	80	40
25	5.0	0.5	20	10
26	10.0	0.5	40	10
27	15.0	0.5	60	10
28	20.0 及以上	0.5	80	10

表 7-1 中工况 1~24 为块石临界稳定重量、抛石堤坝稳定性、堤坝长度与堤坝间距稳定性试验所采用的海流动力要素。工况 25~28 为抛石工艺试验所采用的补充海流动力要素。

由于水体中的紊动效应及水体底面的摩阻效应，实际海洋中的断面流速沿水深分布并非均匀变化。又由于动力环境及边界条件等影响因素较多，故描述水体断面流速分布的经验公式不统一，且适用范围有限。为了准确描述工程水深条件下（抛石堤坝顶部）的流速，本研究对试验水槽进行了流速拟合研究。经过对不同水深条件下的流速分布的数据统计与分析，得到流速基本符合指数分布规律。

典型水深条件试验波浪动力要素见表7-2。波浪条件按照当地风暴潮（台风）资料确定的最大波周期（6.1s），在不同水深条件下可产生的最大极限理论破碎波高作为入射波高。

表7-2　试验波浪动力要素

工况	原型值			模型值		
	水深/m	波高/m	周期/s	水深/cm	波高/cm	周期/s
1	10.0	4.1	6.1	40	16.4	1.22

7.4.4　模型制作

断面试验模型严格按照几何相似准则制作，块石石料均取自海南当地石料场，按尺寸进行精细筛分，精度按规范要求确定。块石筛分的筛网制作如图7-13所示，块石筛分过程如图7-14所示。

图 7-13　块石筛分的筛网制作

图 7-14　块石筛分过程

根据设计方案，块石实际尺寸为 1~8in。按照模型几何比尺，并预留预备尺寸，试验中对火山岩和玄武岩分别进行了筛分，对应的块石原型尺寸共 8 组，分别为 0~1in、1~2in、2~3in、3~4in、4~6in、6~8in、8~10in、10~12in。火山岩与玄武岩块石筛分如图 7-15 与图 7-16 所示。

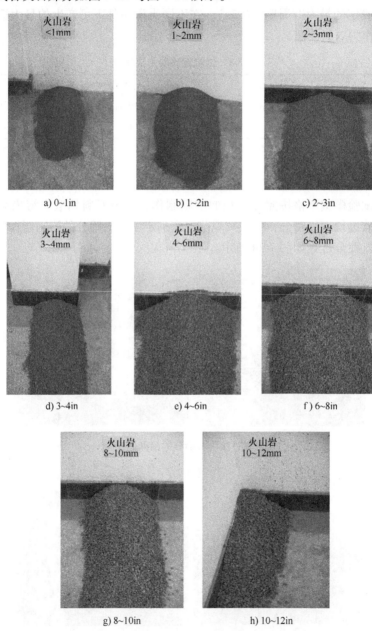

图 7-15　火山岩块石筛分

注：图中标注为模型尺寸。

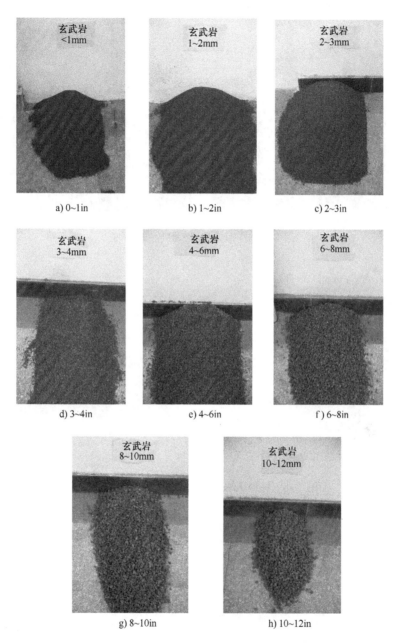

图 7-16　玄武岩块石筛分

注：图中标注为模型尺寸。

　　两种块石种类在筛分后，按照设计断面进行模型摆放。梯形模型断面摆放操
作示例如图 7-17 所示，摆放后的不同试验模型摆放效果如图 7-18~图 7-20 所示。

图 7-17　梯形模型断面摆放操作示例

图 7-18　梯形标准断面试验模型摆放效果示例

图 7-19　梯形断面（斜坡比 1∶1.5）试验模型摆放效果示例

图 7-20　梯形断面（斜坡比 1∶3）试验模型摆放效果示例

　　如图 7-21 所示，散抛块石自然坡角试验模型摆放是在水中完成的，选取直径为 4cm（原型为 1m）的直管，上端连接漏斗（见图 7-22），进行散抛成坡，散抛完成后，不进行任何理坡操作。

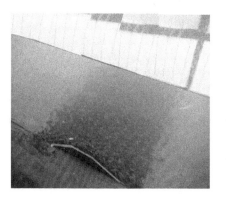
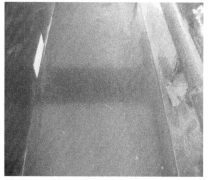

图 7-21　散抛块石自然坡角试验模型摆放效果示例

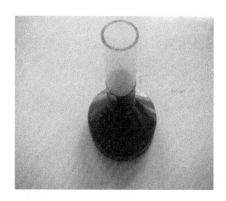
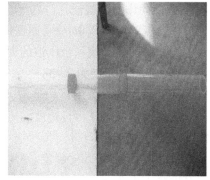

图 7-22　散抛块石自然坡角抛填工具

根据设计资料，确定电缆直径为 0.14m。在试验中，海底电缆被埋置于抛石堤坝内部，选用钢条作为电缆替代品，它的直径按几何比尺取值约为 0.6cm（见图 7-23）。其中，断面整体稳定性试验选用的是红色钢条，堤坝间距试验选用红黄相间钢条，黄色埋入堤坝，红色露出。

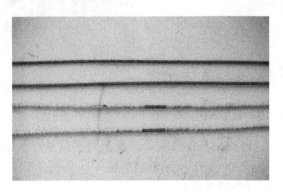

图 7-23　海底电缆替代材料

7.4.5　试验测试

1. 海流试验

在试验进行过程中，通过计算机自动控制水泵转速进行加压，待自然稳定后，再逐级加大到设计流速，进行正式试验。在较低的流速条件下，通过观察，确认试验中未出现块石滚落等明显破坏现象，则海流累计作用时间为 0.5h。

若试验中出现块石滚落现象，则海流的累积作用时间按照一次涨潮或落潮历时确定。该海区的潮汐性质为正规全日潮，即本海区多数天数一天出现一次高潮和一次低潮。根据上述潮汐特点及模型试验的时间比尺，各工况海流作用累积作用时间为 2.5h。

2. 波流共同作用试验

试验中海流流速取 2.0m/s（原型值），波浪模拟采用规则波，波浪累积作用时间根据当地海区暴风浪和台风浪的大浪持续时间进行计算，按时间比尺进行换算后不少于 30min（原型为 2~3h）。

规则波的模型试验采用累积造波方法，当反射波到达造波板前立即停止造波，待水面相对平稳后，再行造波。

3. 抛石工艺试验

每次抛石重量均按 250g 确定。在典型水深条件下，根据施工工艺确定，漏斗管底高度分别为 8cm（原型为 2m）、20cm（原型为 5m），一次抛石时间约为 30~40s。

抛石收纳工具与水槽断面同宽（60cm），长度为40cm，共10格，每格宽度为40mm，原型宽度为1m（见图7-23）。抛石收纳工具如图7-24所示。通过计量各个格内的块石干重量，即可获得不同粒径在不同起抛高度和施工流速条件下的偏移量。

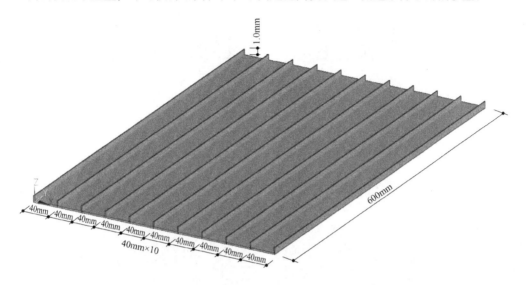

a) 设计图

b) 实物图

图7-24 抛石收纳工具

7.5 试验结果与分析

7.5.1 抛石块体临界稳定重量试验

不同工况下抛石块体临界稳定重量试验前后对比如图7-25~图7-32所示。

a) 试验前　　　　　　　　　　　　　　b) 试验后

图 7-25　工况 1-258（火山岩，10~12in，20m 及以上水深，2.0m/s）试验前后对比

a) 试验前　　　　　　　　　　　　　　b) 试验后

图 7-26　工况 1-304（玄武岩，8~10in，20m 及以上水深，2.0m/s）试验前后对比

a) 试验前　　　　　　　　　　　　　　b) 试验后

图 7-27　工况 1-270（火山岩，6~8in，20m 及以上水深，2.0m/s）试验前后对比

抛石块体临界稳定重量试验结果表明：火山岩与玄武岩尺寸选择在 6~8in、8~10in、10~12in 时，流速范围为 1.0~2.0m/s 条件下未见外层抛石出现掀动和滚动，断面整体稳定，形状未发生明显改变。

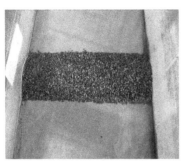

a) 试验前　　　　　　　　　　　　　b) 试验后

图 7-28　工况 1-318（玄武岩，4~6in，20m 及以上水深，2.0m/s）试验前后对比

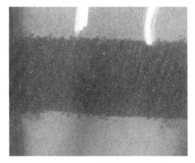

a) 试验前　　　　　　　　　　　　　b) 试验后

图 7-29　工况 1-282（火山岩，3~4in，20m 及以上水深，2.0m/s）
下抛石块体临界稳定重量试验前后对比

a) 试验前　　　　　　　　　　　　　b) 试验后

图 7-30　工况 1-330（玄武岩，2~3in，20m 及以上水深，2.0m/s）
下抛石块体临界稳定重量试验前后对比

 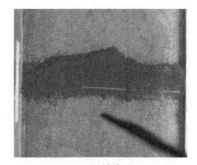

a) 试验前   b) 试验后

图 7-31　工况 1-42（火山岩，1~2in，5m 水深，2.0m/s）
下抛石块体临界稳定重量试验前后对比

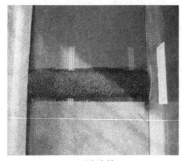 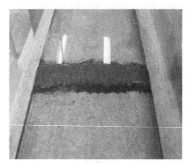

a) 试验前   b) 试验后

图 7-32　工况 1-336（玄武岩，1~2in，20m 及以上水深，2.0m/s）
下抛石块体临界稳定重量试验前后对比

　　火山岩与玄武岩在 4~6in 尺寸条件下，当流速为 1.0~1.6m/s 时，未见外层抛石出现掀动和滚动，断面整体稳定，形状未发生明显改变。当流速为 1.8~2.0m/s 时，火山岩与玄武岩在迎流面肩角位置个别块石发生掀动，未见块石滚落，断面整体稳定，形状未发生明显改变。

　　火山岩与玄武岩在 3~4in 尺寸条件下，当流速为 1.0~1.6m/s 时，未见外层抛石出现掀动和滚动，断面整体稳定，形状未发生明显改变。当流速为 1.8m/s 时，火山岩与玄武岩在迎流面肩角位置可见块石发生掀动，个别块石发生滚落；当流速为 2.0m/s 时，火山岩与玄武岩在迎流面肩角位置可见块石发生掀动和滚落，火山岩断面形状发生轻微变形，肩角变为流线型，玄武岩变化较小。

　　火山岩与玄武岩在 2~3in 尺寸条件下，当流速为 1.0~1.4m/s 时，未见外层抛石出现掀动和滚动，断面整体稳定，形状未发生明显改变。当流速逐渐增大至 2.0m/s 时，火山岩与玄武岩断面上块石状况逐渐由掀动发展至明显滚落，梯形断面形状发生明显改变（见图 7-33）。

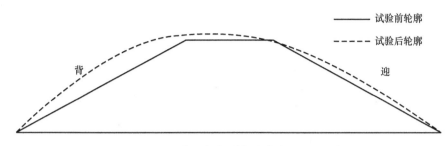

图 7-33 2~3in 块石堤坝形状试验前后对比示意图

火山岩与玄武岩在 1~2in 尺寸条件下，当流速为 1.0~1.4m/s 时，未见外层抛石出现掀动和滚动，断面整体稳定，形状未发生明显改变。当流速逐渐增大至 2.0m/s 时，火山岩与玄武岩断面上块石状况逐渐由掀动发展至明显滚落，梯形断面整体破坏，部分试验工况中，内层抛石所保护的海底电缆露出（见图 7-31 和图 7-32），露出时间约为 1~1.5h。

7.5.2 抛石堤坝断面稳定性试验

不同块石种类的抛石堤坝在典型水深与极限海流条件下的堤坝形状如图 7-34~图 7-36 所示；火山岩和玄武岩抛石堤坝在 10m 水深极限波高与极限海流条件下试验前后对比如图 7-37 和图 7-38 所示。

a) 火山岩   b) 玄武岩

图 7-34 抛石堤坝形状（5m 水深 2.0m/s）

抛石堤坝断面稳定性试验结果表明：抛石堤坝在设计条件下，当流速为 1.0~1.6m/s 时，外层抛石未见掀动和滚落，断面整体稳定。当流速增大至 1.8m/s 时，部分工况可见块石发生掀动，断面整体基本稳定，但迎流面肩角处会在海流作用下变为流线型。当流速达到 2.0m/s 时，可见块石发生掀动和滚落，火山岩与玄武岩整体断面形状均有改变，整体高度略有下降，梯形断面在水流作用下呈

a) 火山岩　　　　　　　　　　b) 玄武岩

图 7-35　抛石堤坝形状（15m 水深，2.0m/s）

a) 火山岩　　　　　　　　　　b) 玄武岩

图 7-36　抛石堤坝形状（20m 及以上水深，2.0m/s）

a) 试验前　　　　　　　　　　b) 试验后

图 7-37　火山岩抛石堤坝在极限波高与极限海流条件下试验前后对比（10m 水深）

现出流线型变化，特别是在迎流面一侧肩部，该现象较为明显。

　　在风暴潮与极限流速共同作用下的断面稳定性考察中，波浪条件按照当地风暴潮资料确定的最大波周期（6.1s），取理论破碎深度（10m，该水深为抛石工程的最小水深）确定的极限波高（4.1m）进行试验。在 10m 水深条件下，极限

a) 试验前   b) 试验后

图 7-38　玄武岩抛石堤坝在极限波高与极限海流条件下试验前后对比（10m 水深）

流速与极限波高共同作用时，火山岩坝体肩部块石有掀动，迎浪面一侧有较多块石发生滚落；玄武岩坝体肩部块石有掀动，迎浪面一侧有个别块石发生滚落。此外，坝体形状在波流共同作用下发生改变。整体高度有所下降，迎浪面一侧肩角部分堤段下降明显，但仍保持较高的整体性。

7.5.3　抛石堤坝间距稳定性试验

不同块石种类堤坝在典型水深（20m 及以上）与极限海流条件下的试验前后对比如图 7-39~图 7-46 所示。

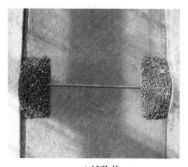

a) 试验前   b) 试验后

图 7-39　抛石堤坝间距稳定性试验前后对比
（火山岩，间距 11m，20m 及以上水深，2.0m/s）

抛石堤坝间距稳定性试验结果表明：各间距条件下火山岩与玄武岩在流速 1.0~1.4m/s 范围内，堤头未见明显块石掀动和滚落，堤头整体稳定，未见破坏。当流速由 1.6m/s 增大至 2.0m/s 时，堤头顺流面可见块石掀动和滚落。当流速大于 1.8m/s 时，在各间距和各水深条件下，迎流面坡脚均出现冲蚀现象，其中间距为 4m 时该现象最为严重。

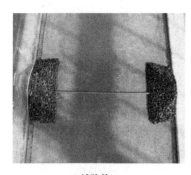

a) 试验前   b) 试验后

图 7-40 抛石堤坝间距稳定性试验前后对比（玄武岩，
间距 11m，20m 及以上水深，2.0m/s）

a) 试验前   b) 试验后

图 7-41 抛石堤坝间距稳定性试验前后对比（火山岩，
间距 8m，20m 及以上水深，2.0m/s）

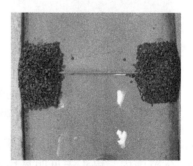

a) 试验前   b) 试验后

图 7-42 抛石堤坝间距稳定性试验前后对比（玄武岩，
间距 8m，20m 及以上水深，2.0m/s）

a) 试验前	b) 试验后

图 7-43 抛石堤坝间距稳定性试验前后对比（火山岩，间距 4m，20m 及以上水深，2.0m/s）

a) 试验前	b) 试验后

图 7-44 抛石堤坝间距稳定性试验前后对比（玄武岩，间距 4m，20m 及以上水深，2.0m/s）

a) 试验前	b) 试验后

图 7-45 抛石堤坝间距稳定性试验前后对比（火山岩，间距 1m，20m 及以上水深，2.0m/s）

a) 试验前   b) 试验后

图 7-46　抛石堤坝间距稳定性试验前后对比（玄武岩，间距 1m，20m 及以上水深，2.0m/s）

7.5.4　抛石堤坝级配稳定性试验

　　不同块石种类抛石堤坝在典型水深（20m 及以上）与极限海流条件下级配稳定性试验前后对比如图 7-47～图 7-50 所示。

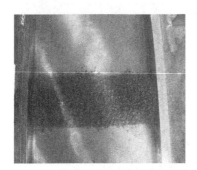

a) 试验前   b) 试验后

图 7-47　抛石堤坝级配稳定性试验前后对比（火山岩，级配比：1∶1∶1，2.0m/s）

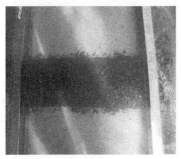

a) 试验前   b) 试验后

图 7-48　抛石堤坝级配稳定性试验前后对比（玄武岩，级配比：1∶1∶1，2.0m/s）

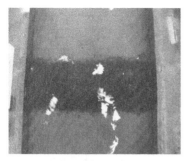

a) 试验前

b) 试验后

图7-49 抛石堤坝级配稳定性试验前后对比（火山岩，级配比：1：1：2，2.0m/s）

a) 试验前

b) 试验后

图7-50 抛石堤坝级配稳定性试验前后对比（玄武岩，级配比：1：1：2，2.0m/s）

抛石堤坝级配稳定性试验结果表明：两种石料在两个级配条件下流速为1.0~1.4m/s范围内，抛石堤坝未见块石掀动和滚落，断面基本稳定。在1.6~2.0m/s范围内，抛石堤坝可见个别块石掀动和滚落，断面未见明显改变，级配比为1：1：1和1：1：2的整体区别不大。

7.5.5 散抛块石偏移量试验

不同尺寸散抛块石偏移量百分比见表7-3~表7-10。

表7-3 散抛块石偏移量百分比（火山岩，流速0.5m/s，漏斗底高2m）

偏移量/m	块石尺寸/in					
	1~2	2~3	3~4	4~6	6~8	混合料
0	28.1%	33.9%	36.1%	39.4%	70.7%	55.8%
1	60.6%	63.4%	61.8%	59.4%	29.3%	44.2%

（续）

偏移量/m	块石尺寸/in					
	1~2	2~3	3~4	4~6	6~8	混合料
2	11.3%	2.7%	2.1%	1.2%	0.0%	0.0%
3	0.0%	0.0%	0.0%	0.0%	0.0%	0.0%
4	0.0%	0.0%	0.0%	0.0%	0.0%	0.0%
5	0.0%	0.0%	0.0%	0.0%	0.0%	0.0%
6	0.0%	0.0%	0.0%	0.0%	0.0%	0.0%
7	0.0%	0.0%	0.0%	0.0%	0.0%	0.0%
8	0.0%	0.0%	0.0%	0.0%	0.0%	0.0%
9	0.0%	0.0%	0.0%	0.0%	0.0%	0.0%
10	0.0%	0.0%	0.0%	0.0%	0.0%	0.0%

表 7-4　散抛块石偏移量百分比（玄武岩，流速 0.5m/s，漏斗底高 2m）

偏移量/m	块石尺寸/in					
	1~2	2~3	3~4	4~6	6~8	混合料
0	43.8%	54.0%	52.1%	51.4%	54.5%	52.2%
1	52.9%	44.6%	47.7%	45.9%	44.8%	47.1%
2	3.3%	1.4%	0.2%	2.7%	0.7%	0.6%
3	0.0%	0.0%	0.0%	0.0%	0.0%	0.0%
4	0.0%	0.0%	0.0%	0.0%	0.0%	0.0%
5	0.0%	0.0%	0.0%	0.0%	0.0%	0.0%
6	0.0%	0.0%	0.0%	0.0%	0.0%	0.0%
7	0.0%	0.0%	0.0%	0.0%	0.0%	0.0%
8	0.0%	0.0%	0.0%	0.0%	0.0%	0.0%
9	0.0%	0.0%	0.0%	0.0%	0.0%	0.0%
10	0.0%	0.0%	0.0%	0.0%	0.0%	0.0%

表 7-5　散抛块石偏移量百分比（火山岩，流速 0.5m/s，漏斗底高 5m）

偏移量/m	块石尺寸/in					
	1~2	2~3	3~4	4~6	6~8	混合料
0	0.0%	0.0%	5.9%	12.5%	18.9%	12.4%
1	0.0%	4.1%	48.1%	51.8%	53.4%	49.9%

（续）

偏移量/m	块石尺寸/in					
	1~2	2~3	3~4	4~6	6~8	混合料
2	33.6%	48.4%	39.8%	22.3%	25.3%	33.4%
3	56.7%	42.1%	6.1%	12.4%	2.4%	4.2%
4	8.7%	5.3%	0.2%	1.0%	0.0%	0.1%
5	0.6%	0.0%	0.0%	0.0%	0.0%	0.0%
6	0.2%	0.0%	0.0%	0.0%	0.0%	0.0%
7	0.2%	0.0%	0.0%	0.0%	0.0%	0.0%
8	0.0%	0.0%	0.0%	0.0%	0.0%	0.0%
9	0.0%	0.0%	0.0%	0.0%	0.0%	0.0%
10	0.0%	0.0%	0.0%	0.0%	0.0%	0.0%

表 7-6 散抛块石偏移量百分比（玄武岩，流速 0.5m/s，漏斗底高 5m）

偏移量/m	块石尺寸/in					
	1~2	2~3	3~4	4~6	6~8	混合料
0	0.0%	0.0%	4.1%	11.7%	26.7%	6.2%
1	3.7%	4.9%	43.0%	53.5%	53.5%	40.6%
2	42.7%	48.8%	44.1%	32.7%	18.9%	44.9%
3	43.8%	35.3%	8.6%	1.9%	0.9%	7.7%
4	8.6%	9.6%	0.2%	0.2%	0.0%	0.6%
5	1.0%	1.4%	0.0%	0.0%	0.0%	0.0%
6	0.2%	0.0%	0.0%	0.0%	0.0%	0.0%
7	0.0%	0.0%	0.0%	0.0%	0.0%	0.0%
8	0.0%	0.0%	0.0%	0.0%	0.0%	0.0%
9	0.0%	0.0%	0.0%	0.0%	0.0%	0.0%
10	0.0%	0.0%	0.0%	0.0%	0.0%	0.0%

表 7-7 散抛块石偏移量百分比（火山岩，流速 1.0m/s，漏斗底高 2m）

偏移量/m	块石尺寸/in					
	1~2	2~3	3~4	4~6	6~8	混合料
0	0.0%	0.1%	1.2%	14.6%	7.4%	5.7%
1	2.3%	10.4%	52.4%	65.4%	54.6%	54.5%

（续）

偏移量/m	块石尺寸/in					
	1~2	2~3	3~4	4~6	6~8	混合料
2	33.3%	44.1%	27.7%	19.7%	37.3%	36.2%
3	45.6%	37.2%	16.1%	0.3%	0.7%	3.5%
4	14.5%	7.6%	5.4%	0.0%	0.0%	0.0%
5	2.6%	0.4%	0.2%	0.0%	0.0%	0.0%
6	1.0%	0.2%	0.0%	0.0%	0.0%	0.0%
7	0.7%	0.0%	0.0%	0.0%	0.0%	0.0%
8	0.2%	0.0%	0.0%	0.0%	0.0%	0.0%
9	0.0%	0.0%	0.0%	0.0%	0.0%	0.0%
10	0.0%	0.0%	0.0%	0.0%	0.0%	0.0%

表 7-8　散抛块石偏移量百分比（玄武岩，流速 1.0m/s，漏斗底高 2m）

偏移量/m	块石尺寸/in					
	1~2	2~3	3~4	4~6	6~8	混合料
0	0.0%	0.1%	2.7%	5.0%	3.4%	2.8%
1	2.8%	21.0%	47.2%	56.2%	58.3%	42.1%
2	35.1%	51.5%	44.1%	36.9%	38.3%	43.0%
3	45.6%	21.0%	5.4%	1.9%	0.0%	10.4%
4	13.2%	3.0%	0.6%	0.0%	0.0%	1.2%
5	2.3%	1.2%	0.0%	0.0%	0.0%	0.4%
6	0.5%	0.7%	0.0%	0.0%	0.0%	0.0%
7	0.2%	0.8%	0.0%	0.0%	0.0%	0.0%
8	0.2%	0.6%	0.0%	0.0%	0.0%	0.0%
9	0.0%	0.1%	0.0%	0.0%	0.0%	0.0%
10	0.0%	0.0%	0.0%	0.0%	0.0%	0.0%

表 7-9　散抛块石偏移量百分比（火山岩，流速 1.0m/s，漏斗底高 5m）

偏移量/m	块石尺寸/in					
	1~2	2~3	3~4	4~6	6~8	混合料
0	0.0%	0.0%	0.0%	0.3%	2.9%	1.2%
1	0.0%	0.0%	1.4%	2.6%	27.9%	6.9%
2	0.0%	0.2%	10.8%	27.8%	49.3%	27.2%

（续）

偏移量/m	块石尺寸/in					
	1~2	2~3	3~4	4~6	6~8	混合料
3	2.2%	5.4%	29.5%	41.4%	16.8%	37.0%
4	17.6%	28.4%	39.9%	24.1%	2.7%	19.6%
5	40.5%	39.8%	14.7%	3.5%	0.5%	5.9%
6	26.8%	19.2%	3.1%	0.3%	0.0%	1.8%
7	9.8%	5.6%	0.6%	0.0%	0.0%	0.3%
8	2.4%	1.5%	0.0%	0.0%	0.0%	0.2%
9	0.5%	0.0%	0.0%	0.0%	0.0%	0.0%
10	0.2%	0.0%	0.0%	0.0%	0.0%	0.0%

表 7-10　散抛块石偏移量百分比（玄武岩，流速 1.0m/s，漏斗底高 5m）

偏移量/m	块石尺寸/in					
	1~2	2~3	3~4	4~6	6~8	混合料
0	0.0%	0.0%	0.0%	0.0%	0.0%	0.0%
1	0.0%	0.0%	0.0%	0.0%	0.3%	0.5%
2	0.0%	0.0%	0.0%	0.0%	6.1%	7.5%
3	0.0%	0.0%	2.3%	5.3%	19.2%	21.0%
4	0.1%	6.7%	13.5%	21.4%	40.9%	27.4%
5	3.0%	24.4%	31.7%	41.5%	25.7%	22.5%
6	16.8%	34.0%	33.0%	22.3%	6.5%	14.3%
7	30.3%	21.3%	16.7%	7.7%	1.0%	5.0%
8	25.2%	8.7%	2.2%	1.4%	0.4%	1.3%
9	14.1%	3.3%	0.5%	0.4%	0.0%	0.5%
10	6.3%	1.2%	0.0%	0.0%	0.0%	0.0%

不同块石种类 1~2in 及混合料抛石偏移量百分比如图 7-51~图 7-58 所示。

不同块石种类 1~2in 及混合料的抛石偏移量试验结果如图 7-59~图 7-66 所示。

根据试验结果分析可知：在流速 0.5m/s、漏斗底高 2m 工况条件下，1~2in 及混合料偏移量在 0~1m 范围内的超过 90%；在流速 1.0m/s、漏斗底高 5m 工况条件下，1~2in 偏移量在 5~9m 范围内的超过 90%，混合料偏移量在 3~8m 范围内的超过 90%；其他工况条件下，1~2in 偏移量在 2~3m 范围内的超过 90%，混合料偏移量在 1~2m 范围内的超过 90%。

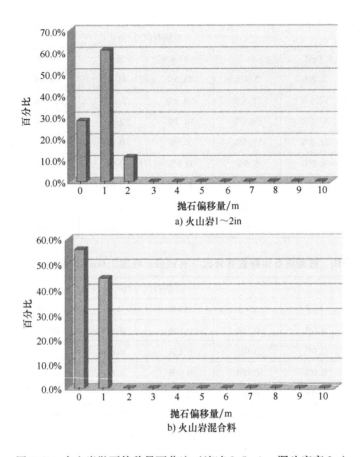

a) 火山岩1～2in

b) 火山岩混合料

图 7-51　火山岩抛石偏移量百分比（流速 0.5m/s，漏斗底高 2m）

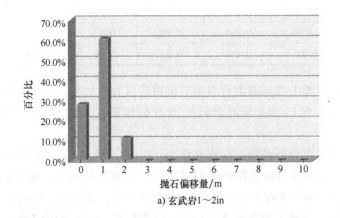

a) 玄武岩1～2in

图 7-52　玄武岩抛石偏移量百分比（流速 0.5m/s，漏斗底高 2m）

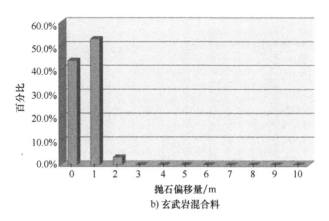

b) 玄武岩混合料

图 7-52 玄武岩抛石偏移量百分比（流速 0.5m/s，漏斗底高 2m）（续）

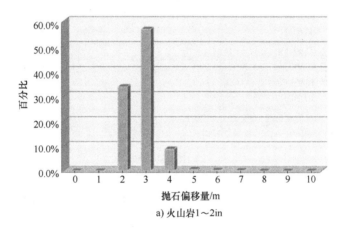

a) 火山岩1~2in

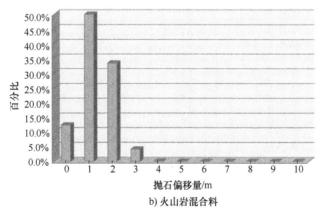

b) 火山岩混合料

图 7-53 火山岩抛石偏移量百分比（流速 0.5m/s，漏斗底高 5m）

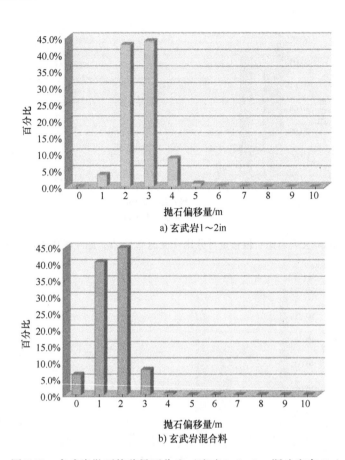

a) 玄武岩1～2in

b) 玄武岩混合料

图 7-54　玄武岩抛石偏移量百分比（流速 0.5m/s，漏斗底高 5m）

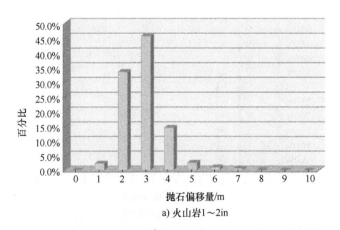

a) 火山岩1～2in

图 7-55　火山岩抛石偏移量百分比（流速 1.0m/s，漏斗底高 2m）

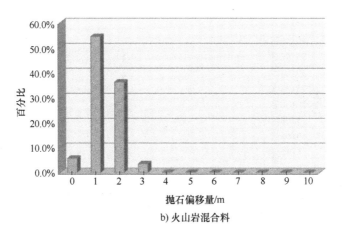

b) 火山岩混合料

图 7-55　火山岩抛石偏移量百分比（流速 1.0m/s，漏斗底高 2m）（续）

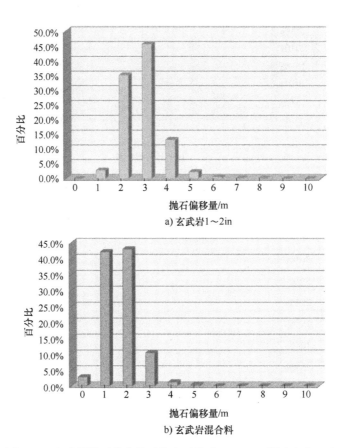

a) 玄武岩1～2in

b) 玄武岩混合料

图 7-56　玄武岩抛石偏移量百分比（流速 1.0m/s，漏斗底高 2m）

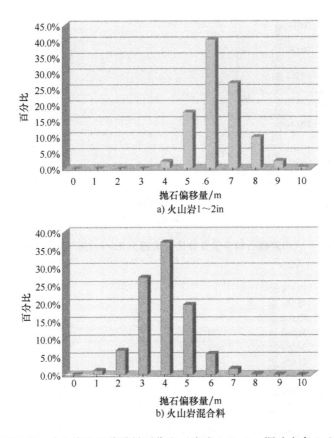

图 7-57　火山岩抛石偏移量百分比（流速 1.0m/s，漏斗底高 5m）

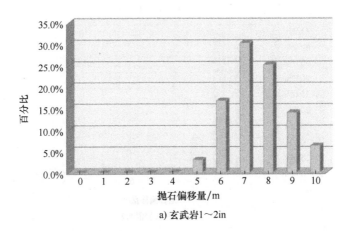

图 7-58　玄武岩抛石偏移量百分比（流速 1.0m/s，漏斗底高 5m）

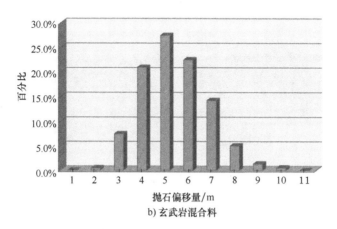

b) 玄武岩混合料

图 7-58　玄武岩抛石偏移量百分比（流速 1.0m/s，漏斗底高 5m）（续）

a) 火山岩1~2in

b) 火山岩混合料

图 7-59　火山岩抛石偏移量试验结果（流速 0.5m/s，漏斗底高 2m）

a) 玄武岩1~2in

b) 玄武岩混合料

图 7-60　玄武岩抛石偏移量试验结果（流速 0.5m/s，漏斗底高 2m）

a) 火山岩1~2in

b) 火山岩混合料

图 7-61　火山岩抛石偏移量试验结果（流速 0.5m/s，漏斗底高 5m）

a) 玄武岩1~2in

b) 玄武岩混合料

图 7-62　玄武岩抛石偏移量试验结果（流速 0.5m/s，漏斗底高 5m）

a) 火山岩1~2in

b) 火山岩混合料

图 7-63　火山岩抛石偏移量试验结果（流速 1.0m/s，漏斗底高 2m）

a) 玄武岩1~2in   b) 玄武岩混合料

图7-64 玄武岩抛石偏移量试验结果（流速1.0m/s，漏斗底高2m）

a) 火山岩1~2in   b) 火山岩混合料

图7-65 火山岩抛石偏移量试验结果（流速1.0m/s，漏斗底高5m）

a) 玄武岩1~2in   b) 玄武岩混合料

图7-66 玄武岩抛石偏移量试验结果（流速1.0m/s，漏斗底高5m）

7.5.6 抛石堤坝断面稳定性补充试验

不同块石种类在典型水深（20m及以上）与极限流速条件下的抛石堤坝断

面稳定性补充试验前后对比如图 7-67~图 7-72 所示。

a) 试验前 b) 试验后

图 7-67　抛石堤坝断面稳定性补充试验前后对比（火山岩，
斜坡比 1：1.5，20m 及以上水深，2.0m/s）

a) 试验前 b) 试验后

图 7-68　抛石堤坝断面稳定性补充试验前后对比（玄武岩，
斜坡比 1：1.5，20m 及以上水深，2.0m/s）

a) 试验前 b) 试验后

图 7-69　抛石堤坝断面稳定性补充试验前后对比（火山岩，
斜坡比 1：3，20m 及以上水深，2.0m/s）

a) 试验前　　　　　　　　　　　b) 试验后

图7-70　抛石堤坝断面稳定性补充试验前后对比（玄武岩，斜坡比1∶3，20m及以上水深，2.0m/s）

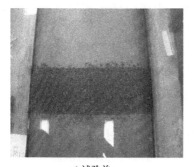

a) 试验前　　　　　　　　　　　b) 试验后

图7-71　抛石堤坝断面稳定性补充试验前后对比（火山岩，自然抛1∶2，20m及以上水深，2.0m/s）

a) 试验前　　　　　　　　　　　b) 试验后

图7-72　抛石堤坝断面稳定性补充试验前后对比（玄武岩，自然抛1∶2，20m及以上水深，2.0m/s）

抛石堤坝断面稳定性补充试验结果说明：石堤坝在斜坡比为 1：1.5 时，在 1.0~1.4m/s 流速作用下，外层抛石未见掀动和滚落，断面整体稳定。当流速由 1.6m/s 增大至 2.0m/s 时，部分工况可见块石发生掀动，在较大的流速条件下，块石会从迎流面翻滚运动至堤坝顶面，断面整体仍稳定，但肩角存在变为流线型趋势。当斜坡比为 1：3 时，抛石堤坝在不同水深和不同流速条件下均未见抛石块体掀动和滚落，断面整体稳定。当断面为散抛自然坡角时，1.0~1.4m/s 流速作用下，外层抛石未见掀动和滚落，断面整体稳定。当流速由 1.6m/s 增大至 2.0m/s 时，部分工况可见块石发生掀动，个别块石发生滚落，断面整体仍稳定。

7.6 计算分析研究内容

根据工程经验可知，稳定性问题大多与块石的重量及尺寸有关。块石的稳定尺寸（粒径）或稳定重量与多种因素有关，主要包括水流的流速、水流的紊动程度、块石的密度、块石所在位置及抛填块石的级配等。

目前，确定块石重量或块石尺寸的方法主要有两种：一种是按照水工物理模型试验结果选取；另一种是采用经验公式进行计算。由于抛石稳定性的影响因素较多，块石的失稳起动为随机过程。因此，难以利用数值模拟等手段实现准确预测。

水工物理模型试验在满足相似条件的基础上，通过复演原型的工作条件，在模型中研究在不同情况下的现象，可揭示水体与块石的运动机理，反映实际工程中出现的各种问题，因而被广泛利用。经验公式则是研究人员在大量物理模型试验的基础上，根据基本的物理理论，从试验关键控制要素与结果出发，通过拟合获得近似表达式。因此，工程应用中，水工物理模型作为最终设计与施工依据，而经验公式一般只作为初步判断依据。

7.6.1 块石稳定重量（尺寸）的计算公式

从机理上讲，水流作用下抛石块体的稳定性问题实质上就是块石的起动问题。国内外在相关领域内的研究较多，例如：《防波堤设计与施工规范》公式、张明光公式、伊兹巴什公式、沙莫夫公式及《航道整治工程技术规范》公式。

其中，《防波堤设计与施工规范》公式的流速为堤前最大波浪底流速，且针对流速在 2.0~5.0m/s，因此适用于风浪作用较强的水域；张光明公式适用于天然河流水面宽远大于水深的情况；沙莫夫公式主要考虑有限水深条件下的河流粗散沙粒体；伊兹巴什公式的背景条件是平稳截流条件，该试验采用的是近圆形的卵砾石；《航道整治工程技术规范》公式明确规定的适用条件则是 3m/s。

伊兹巴什公式综合考虑不同公式的适用条件。本书选用伊兹巴什公式对块石的稳定重量进行初步计算。

7.6.2 块石稳定尺寸的计算结果

在进行块石的设计时，一般步骤如下：

1）根据工程的水流条件，按公式计算出块石的稳定尺寸。

2）选取一定的安全系数，将块石尺寸乘以一定的安全系数，确定最终的块石重量（尺寸）。通常，安全系数的取值在 1.0~1.5。

根据工程资料，选取的流速范围为 1.0~2.0m/s，块石的密度 ρ 的范围为 2.4~2.7t/m³。表 7-11 给出了典型条件下的块石稳定尺寸。在不同安全系数条件下的流速与块石稳定尺寸关系分别如图 7-73~图 7-78 所示。

表 7-11　典型条件下的块石稳定重量（尺寸）　　　　（单位：in）

安全系数	安全系数＝1.0				安全系数＝1.5			
流速/(m/s)	$\rho=2.4t/m^3$	$\rho=2.5t/m^3$	$\rho=2.6t/m^3$	$\rho=2.7t/m^3$	$\rho=2.4t/m^3$	$\rho=2.5t/m^3$	$\rho=2.6t/m^3$	$\rho=2.7t/m^3$
1.0	1.6	1.5	1.4	1.3	1.8	1.7	1.6	1.5
1.4	3.1	2.9	2.7	2.6	3.6	3.3	3.1	2.9
2.0	6.4	6.0	5.6	5.2	7.3	6.8	6.4	6.0

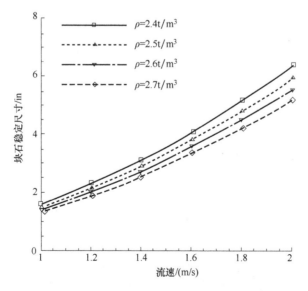

图 7-73　安全系数为 1.0 条件下的流速与块石稳定尺寸关系

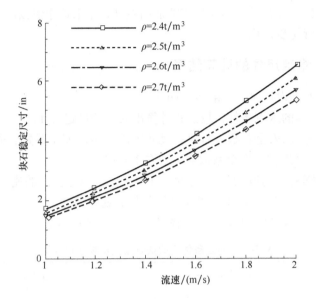

图 7-74　安全系数为 1.1 条件下的流速与块石稳定尺寸关系

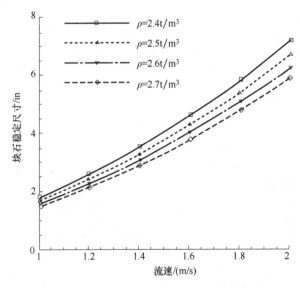

图 7-75　安全系数为 1.2 条件下的流速与块石稳定尺寸关系

　　由上述计算结果可知：在极限流速条件（2m/s）下，取较高的安全系数范围（1.5）内，块石尺寸应取 6~8in；若取较低的安全系数（1.0），则块石的尺寸可取 4~6in，上述分析与试验结果是符合的。在块石临界稳定重量试验中，6~8in 块石是稳定的，但 4~6in 块石多处于临界稳定状态。

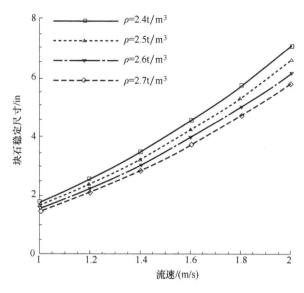

图 7-76 安全系数为 1.3 条件下的流速与块石稳定尺寸关系

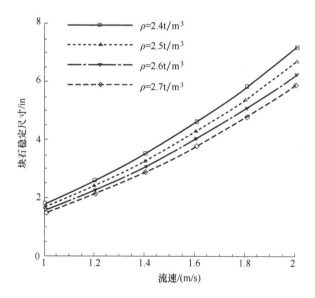

图 7-77 安全系数为 1.4 条件下的流速与块石稳定尺寸关系

此外，根据《防波堤与护岸施工规范》（JTS 208—2020）规定，堤坝护面底块石的稳定重量可根据堤前最大波浪底流速按规范中表确定。当底流速达到 2m/s 时，块石的稳定重量应不小于 60 千克。按照块石密度取 2.4~2.7t/m³，外层底块石的尺寸应达到 13.7~14.3in。

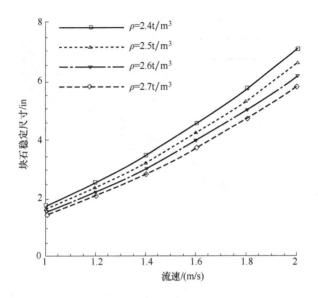

图 7-78　安全系数为 1.5 条件下的流速与块石稳定尺寸关系

根据《防波堤与护岸施工规范》（JTS 208—2020）规定，石料应满足下列要求：

在水中浸透后的强度：对于护面块石和需要进行夯实的基床块石不应低于 50MPa；对于垫层块石和不进行夯实的基床块石不应低于 30MPa。

不成片状，无严重风化和裂纹。

注：对堤心石和填料，可根据具体情况适当降低要求。

7.7　抛石后保护施工

下面以海南联网 500kV 海底电缆某次海底电缆裸露悬空修复施工为例，简要介绍抛石后保护施工。

7.7.1　施工标准

1. 材料规格

内层碎石尺寸 1~2in（约 2.5~5.1cm），如图 7-79 所示；外层碎石尺寸 2~6in（约 5.1~15.2cm），如图 7-80 所示。

内层碎石主要用于电缆覆盖填充，特点是冲击力小、流动性好，可以对悬空间隙起到有效填充作用；外层碎石主要用于抛石轮廓覆盖处理，特点是重量大、稳定性好。

图 7-79　内层碎石

图 7-80　外层碎石

2. 覆盖尺寸

覆盖设计剖面呈梯形，分为两步：第一步为初步保护层（内层碎石）高0.5m，底宽2.0m；第二步为最终保护层（外层碎石）高1.0m，底宽7.0m，顶宽1.0m，如图7-81所示。

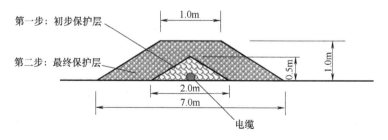

图 7-81　覆盖尺寸

7.7.2 人员、设备、原料保障

1. 人员组织

依据项目目标技术要求配置完善的组织结构，考虑到几个方面：①项目对事务处理，如海事办理施工许可证，码头办理船舶事务，装载石料等，防疫要求等；②项目质量管理要求；③项目人员安全职业健康环境要求，兼顾项目实施的专业分工形成管理组织机构，并配备冗余力量。图7-82为施工单位项目管理组织。

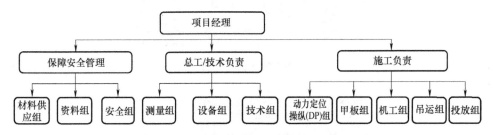

图 7-82 施工单位项目管理组织

2. 施工机具

根据项目技术规范要求，制定施工技术方案，配备相应施工机具装备。

具体主要机具选用动力定位操纵（DP）驳船3001，（见图7-83），它的主要性能参数如下：

总长：63.30m。

船长：60.00m。

满载水线长：60.00m。

船宽：22.00m。

型深：4.50m。

空载吃水：2.251m。

总载重量：1500t。

动力定位：4×477kW 全回转舵桨，K-PosDP-1 动力定位系统。

发电机：2×300kW 柴油发电机，2×80kW 柴油发电机，1×500kW 柴油发电机，1×甲板起重机5t，1×10t 直线型布缆机。

居住舱室：配备全装修居住舱室，最多能容纳60人，2×DGPS，带电罗经，中频/高频，便携式甚高频。

DP 驳船3001参与了海南二回登陆、敷设、ROV 冲埋施工、抛水泥沙袋保护施工，完全胜任琼州海峡的水文、气象条件，船只布场完全满足抛石作业要求，船只配备人员有丰富的琼州海峡施工和抛石保护类施工经验。

图 7-83　动力定位操纵（DP）驳船 3001

水下动力定位装置如图 7-84 所示，它的技术指标如图 7-85 所示。

图 7-84　水下动力定位装置

序号	设备名称	技术指标	备注
1	水下推进器	总功率：40kW 单方向最大推力560kg	
2	水下框架	尺寸：2m（长）×2m（宽）×1.2m（高）	
3	水下高度计	压力传感器标定量程3000m；最小量程：0.1m	
4	水下摄像机	图像清晰度：720P/1080P；视角场：水平120°、垂直90°	
5	水下照明灯	照度输出9000lm；300m耐压	
6	罗经及姿态仪	采样频率：10kHz/通道（60kS/s）接口协议：XBus或NMEA	
7	水下接插件	微小多芯水密连接器，多组	
8	脐带缆	300m防海水专用加强型卷筒综合缆	
9	水面控制台	一台为水下摄像头显示界面，一台为水下推进器控制界面	

图 7-85　水下动力定位装置技术指标

7.7.3　石料保障

根据工程量测算，抛石总量为 8006t，结合本次抛石施工区域因素和装载的安全性，采用施工船在华能电厂老码头装载石料的方式，计划施工船在码头装载 6 次。

石料选择和供应：结合海南二回抛石的经验，选择同样的采石场，石料品质质量有保障。提前签订石料采购合同，预留 1 个月石料加工时间。签订合同前对石料进行检验，确保石料符合技术规范要求。由距离马村港直线距离约为 25km 的虎岭石场生产，石料一次性加工完成后。在马村码头租用堆场堆放石料。保障海上工程实施后，不会因为石料供应问题延长工期。

运输及存储要符合要求，在堆料场地，做防止黏土、杂物及粉尘渗入处理，确保石料清洁。内层石料和外层石料分别堆放在干净的具有标识的区域，物理隔离目的是防止内层夹杂外层石料。

铲装时，避免将泥土铲入。装车前，车内要进行清扫，车厢应当严密，防止颗粒渗漏。采用皮带传送机将石料传送进入 DP 驳船 3001 的转盘区域（见图 7-86 和图 7-87）。

图 7-86　石场码头装载存储石料

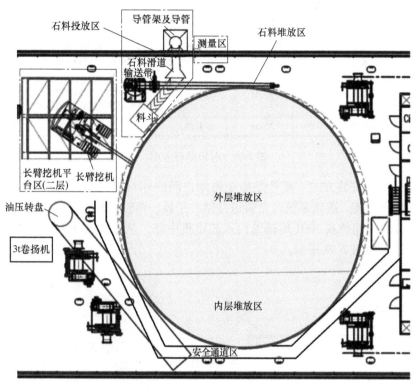

图 7-87　施工船装载存储石料

7.7.4　施工部署

1. 设备布置及安装

为了保证此次施工的质量采用实时多波束与 ROV 配合检测记录，即检测贯穿施工的前、中、后期，其中多波束设备安装在导管前方，ROV 安装在船首发电机上方。

施工工艺类别有两种常见的方式，一种是导管抛石方式，采用导管方式将石料由施工船只输送至抛石指定位置海床的方式。为了提高抛石准确性，一般在导管底部安装带动力对准装置。该方式是行业和国际上公认的成熟方式，是规模化作业的唯一方式；另一种是定点抛放方式，采用吨兜结构将石料输送至抛石指定位置海床的方式，为了提高准确性，一般需 ROV 配合作业。吨兜须上下反复输送石料，效率低下，且抛石精度差。该方式适合定点小范围抛石，采用数倍石料覆盖，弥补精度问题。本项目基本采用带水下动力装置的导管抛石方式，具体各段根据水深情况和作业工艺稍做调整。图 7-88 为各段抛石方式。

序号	抛石段落	长度/m	水深范围/m	抛石方式	特殊处理	备注
1	徐闻段	256	20~30	导管抛石	正常工艺	
2	深水段	27	76	导管抛石/定点抛放	见深水段落特殊工艺	
3	较深段	127	40~51	导管抛石	超出40m水深段落，采用在导管底部安装钢缆的方法，起到延长导管通道长度的作用	
4	其他段	400	28~38	导管抛石	正常工艺	

图 7-88　各段抛石方式

（1）导管安装方式　落管是船至海床之间的碎石传送通道，采用模块化设计，在船上组装。落管系统包括管道存储、吊装、落管接长、卸载等部分。落管拟布置在施工船建基 3001 尾部龙门式起重机中部，从连接底座内穿入。落管安装位置示意如图 7-89 所示。

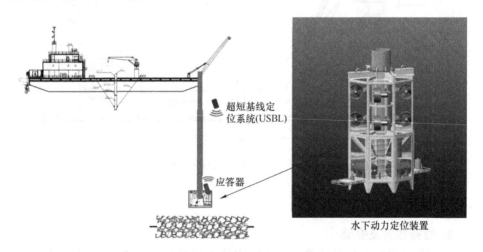

图 7-89　落管安装位置示意

落管材质为钢制，单根长为 8m，直径为 600mm，利用法兰连接，可利用尾部 60t 龙门式起重机辅助安装拆卸，底部连接水下动力定位装置。落管长度根据水深确定，实际施工过程中，DP 驳船会根据测深仪数据加长或缩短落管，考虑到落管底部与电缆的距离，在落管底部使用铁链进行软连接，即使铁链触底也不会造成对电缆的冲击，可以确保施工中电缆的绝对安全。

（2）定点抛放安装方式　定点抛放是在水深大于 70m 时，使用液压扒杆吊至海床之间的碎石传送通道。承载碎石采用定制吨兜，在船上组装并填装完成，由吊机吊入水中至电缆上方指定位置（大约 5m）后使用打开装置打开底部卸料口，石料自由下落（见图 7-90）。

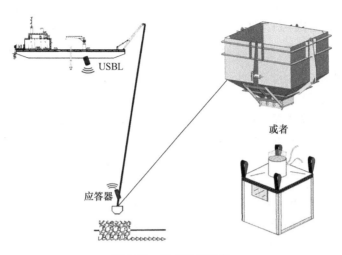

图 7-90　定点抛放示意

2. 定位设备测量复核

施工船抵达施工现场前，利用 DGPS 系统对路由南岭端登陆点主要控制点进行测量复核，单点的复核次数必须大于 3 次，并取多次测得的固定偏差值的平均数进行设置，以防止产生较大误差。所有参与施工的 DGPS 系统，包括 DP 系统附属的卫星差分 GPS 都必须统一在同一坐标体系下，参数必须设置正确，以免影响施工质量。

3. 抛放试验

施工前先进行典型面抛放试验。选取 500kV 福徐甲线 A 相海缆 KP18 西侧 3km 处进行试抛，此处水深为 56m 左右，可保证所有导管的连接。确定施工效率、碎石在水下的漂移及堆散情况。根据堆散情况设计 DP 定位路径和抛放路径。

通过海床抛石试验，5m^3 左右碎石在距离海床 3~5m 高度抛石后，形成的石堆半径和高度，来验证每米所需的抛石量。导管抛放成形示意如图 7-91 所示。

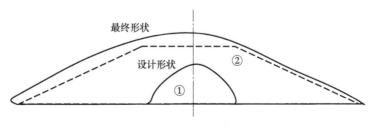

图 7-91　导管抛放成形示意

7.7.5 施工过程与作业工序

1. 施工过程

根据地形资料显示，初步将施工过程分为两种过程类型，分别是导管抛放过程和定点抛放过程。

（1）导管抛放过程　水小于等于 60m 时，采用导管抛放方式抛放石料，为了避免水深变浅而增加管口触碰电缆的风险，施工船选择由浅水区向深水区移动，每个施工区段内顺序施工。

当 DP 驳船到达施工水域附近后，采用动力定位模式向预定起点位置就位，缓慢靠近施工就位点。船舶就位后根据施工水域流向，调整艏向、船位，再根据施工路由规划船舶前进航向，最后根据测量员现场实际测量水深安装、调整落管长度。船只定位及走向如图 7-92 所示。

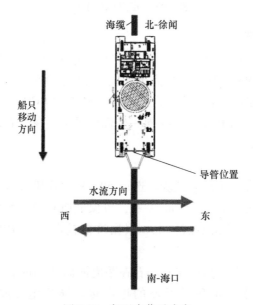

图 7-92　船只定位及走向

当调整管口位置至海缆上方完成定位后，第一部分石料到达落管上部时，船舶开始按照计划航速、航向开始前进，石料及输送带按照既定速度进行装料和输送抛放。先抛放内层较小碎石，再抛放外层较大碎石。

（2）定点抛放过程　当水深大于 70m 时，采用定点投料方式抛放石料（实际工程中不一定能够使用到）。深水区采用 DP 驳船船艏液压扒杆吊装自动投料斗，根据测量员测得数据进行缓慢释放吊装钢丝绳，当料斗底部距离海床面 10m 附近时，暂停释放钢丝绳，待料斗在水流下趋于稳定。料斗稳定后，根据测量员指示，缓慢调整船位，使得料斗正对电缆上方，再次等待料斗稳定。然后继续缓慢释放吊装钢丝绳，当料斗底部距离海床面5m时，停止释放吊装钢丝。再次同测量员核对电缆位置，确认无误后，打开自动投料装置开关，进行投料。同时测量员对该位置进行记录，避免漏抛。

2. 作业工序

DP驳船试验位置位于KP18西侧3km左右，试验完毕后船舶前往J2（B）9#处开始进行海缆修复作业，按照水深从浅到深的顺序，对裸露与悬空部分有区分地进行碎石抛放检测，按照作业顺序分为原料装船、船舶就位、石料装载、移船定位、石料抛放、检查确认。

（1）原料装船　施工前原材料（石料）运输至马村港码头存放。施工时使用吨兜吊装到运输驳船存放。运输驳船靠泊DP驳船，转运到转盘存放。

注意：石料按照大小分类，分别堆放在两侧，以利于后续工序区分抛放。

（2）船舶就位　DP驳船按照业主提供的施工路由前往预订的施工起点，在行进的过程中考虑节省数据处理时间，利用多波束设备对路由情况进行检测，确认施工区域的详细信息并作为成果对比的数据。当接近施工点时，使用DGPS引导至预定起点位置就位，针对裸露段和悬空段按下列工序就位：

1）裸露段：裸露段相比悬空段来说作业工序较明确，由于裸露段只需碎石覆盖海缆，故只需依据多波束检测记录，测量员实时观测处理多波束数据，依据检测结果引导石料抛放。

2）悬空段：悬空段海缆在海流作用下产生振动，铅护套和铠装等金属材料存在疲劳损伤风险，在海流长期作用下，海底电缆可能失去铅护套的径向阻水保护和铠装的机械保护，导致海缆出现开裂、进水、击穿等故障，故悬空段的保护极其重要。多波束检测完成后，ROV入水观测悬空段的抛石过程，随船调整观测位置，保证悬空段的抛石效果。

随后水深观察人员使用水深测量设备关注水深变化情况，缓慢靠近施工就位点。船舶就位完成以后根据施工水域流向，调整艏向、船位。

（3）石料装载

1）导管抛放方式。使用挖机从转盘调取装有石料，放入投料斗中，利用输送带将投料斗中的石料输送至落管口。

注意：装载时按照设计和装船时的堆放分类，先装载内层较小碎石，待抛放完成后再装载外层的较大碎石。

2）定点抛放方式。作为备用方案，对70m水深地方使用。使用起重机从转盘调取装有石料的吨兜，输送至液压扒杆位置，准备吊入水中抛放。

注意：吊装时按照设计和装船时的堆放分类，先吊装内层较小碎石，待抛放完成后再吊装外层较大碎石。

（4）移船定位

1）导管抛放方式。根据 USBL 定位数据，配合使用 T100 探测系统进行电缆位置定位探测。指挥 DP 驳船调整落管管口与水下电缆相对位置，引导 DP 驳船精确定位。T100 信号样例如图 7-93 所示。

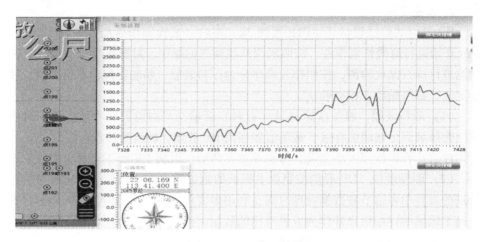

图 7-93　T100 信号样例

2）定点抛放方式。根据现场实际测量水深吊装吨兜，调整吨兜入水深度。根据 USBL 定位数据，配合水深测量数据和吨兜入水深度进行位置和安全距离控制。调整船位使吨兜落口对准水下电缆相对位置。

（5）石料抛放

1）导管抛放方式。石料经过投料机及输送带输送至落管管口，准确沿着落管管道将石料抛放至路由上方。导管抛放如图 7-94 所示。

2）定点抛放方式：吨兜下放入水时应缓慢、平稳，在水平面上应静止一段时间，待海水充分流入，否则有吨兜歪斜风险以及石料因空气冲击散落的风险。

使用 DP 驳船船艉的液压扒杆将自动投料斗吊起，缓慢移动至船艉。根据入水深度和现场水深，进行缓慢释放主吊装钢丝。当料斗底部距离海床面 10m 附近时，暂停释放钢丝绳，待料斗在水流下趋于稳定。

根据 USBL 位置，缓慢调整船位，使得吨兜在电缆上方附近，再次等待料斗稳定，然后继续缓慢释放吊装钢丝绳，当料斗底部距离海床面 5m 时，停止释放吊装钢丝。

待信标稳定，且与目标抛石位置误差不超 0.5m 时，打开吨兜开关进行抛石，回收吨兜。如果信标与电缆位置相差较大，指挥 DP 驳船缓慢调整船位，直至符合要求。每次调整船位后均需要等待信标稳定后再确认最终位置。

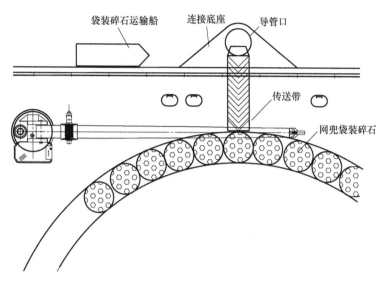

图 7-94　导管抛放

（6）检查确认　作业过程中连续记录起点位置、抛放数据（每小时记录或启停时记录），完成1个分段后根据记录核对抛放的数量及抛放长度。使用侧扫设备和多波束设备进行确认，根据检测结果，对不满足的地方进行补充抛放。

7.7.6　成果验收

根据分段完成后的检查确认结果，复核抛放位置是否准确以及石料在海床上的覆盖情况，覆盖形状大于或等于设计要求的覆盖面积即为合格。对不满足设计覆盖要求的应补充抛放，直至检查验收合格。

7.7.7　质量管理

1. 设备检查与校准

定位设备：定位设备开工前须进行测量复核。

水深高度计：正式施工前初始阶段进行水深高度计数据与水砣测深数据比对，比较测深仪的测深误差。在水深5m左右处进行一次校准，记录误差；10m左右处进行一次校准，记录误差。施工过程中水深高度计为全程显示水深数据。通过参考水深高度计数据可以保证落管管口与海床距离在安全范围内。

吨兜装载量：根据吨兜测量的体积，计算出石方量，以后每次按照装满此体积的石方量进行记录。

T100 探测系统：正式施工前初始阶段进行 T100 探测系统的检查。在陆地或甲板上使用一段导线模拟电缆（或在陆地对实际电缆路由进行探测），分析采集到的信号特征，确定能否明显区分出电缆位置的变化特征。

2. 抛放覆盖尺寸控制

根据抛放试验数据，计划段落长度、船舶移动速度、该段落抛放的时间和最小覆盖使用量，控制段落内抛放数量大于设计最低数量均匀抛放。抛放完成后，结合多波束检查情况有针对性地对不满足设计厚度的段落进行补抛。

针对导管抛放施工方式和定点抛放施工方式的不同，分别制订抛放方案。

3. 抛放位置准确控制

A）DP 驳船配合 USBL 设备可以保证过程中的位置准确。USBL 设备安装在抛放设备的端部，能够稳定实时地指示出水下位置，引导 DP 驳船和抛放设备准确定位，确保抛放位置在业主提供的施工路由上方。

B）T100 探测系统的探棒安装在落管两侧和前侧，信号特征在系统软件中时时显示，通过信号特征掌握落管口与实际电缆相对位置。当管口偏移电缆位置时，引导 DP 驳船纠正船位，保证管口在电缆上方。

C）施工时，施工船采用顶流定位，减少船舶迎流面积，增加船舶的稳定性。

4. 抛放数量与效率控制

使用驳船作为石料的运输船只，最大限度地解决因石料长途运输耽误 DP 驳船施工时间的问题。同时使用吨兜方式（或自动输送设备）减少人工介入，提高转运效率。

使用吨兜和自动输送装置方便对抛放数据记录和控制。每个吨兜装载的石料基本相同，可以监控和计算出抛放的石方量。

7.8 结论与建议

通过物理模型试验与计算分析研究，得出如下结论：

1）在设计断面条件（梯形、斜坡比为 1∶2）下，在流速不大于 1.4m/s 时，各尺寸石料均未出现掀动和滚落，断面整体基本稳定。极限海流条件（2m/s）下，火山岩与玄武岩在尺寸小于 6in 时，可见明显块石滚落，堤身变形明显；当尺寸大于 6in 时，两类石料仅见个别掀动，断面基本无变形。因此，在当前环境动力条件下，6~8in 以上尺寸块石稳定，4~6in 块石处于临界稳定状态。

2）在内层抛石为 1~2in、外层抛石为 2~8in 情况下，火山岩与玄武岩抛石堤坝在极限海流条件下整体断面基本稳定，未见明显破坏及堤心石与海底电缆外露。在较大的水深条件下，火山岩与玄武岩断面整体在水流作用下会进一步压实，产生不均匀下降现象。

3）典型水深条件（10m）下，抛石堤坝在极限海流与极限波高共同作用条件下，火山岩与玄武岩均失稳，堤坝顶面均见明显块石滚落，断面整体也会产生不均匀下降。

4）内层抛石断面在流速不大于 1.6m/s 海流条件下基本稳定，在流速大于 1.6m/s 海流条件下，断面失稳；当海流流速达到 2.0m/s 时，火山岩断面完全破坏，海底电缆外露；当海流流速达到 2.0m/s 时，玄武岩断面虽然海底电缆未外露，但抛石断面结构已完全破坏。

5）在内层抛石为 1~2in、外层抛石为 2~8in 情况下，不同堤间距试验条件下堤脚均有不同程度冲刷，在极限流速条件（2.0m/s）下，斜坡坡面块石有滚落，4m 间距冲刷程度最大，但整体形状基本稳定。

6）在内层抛石为 1~2in、外层抛石为 2~8in 情况下，抛石堤坝在梯形断面斜坡比为 1∶3，且与抛石自然散布形状下，整体稳定，在极限流速条件下个别块石掀动，未见明显块石滚落现象；在梯形断面斜坡比 1∶1.5 条件下，整体基本稳定，但在极限海流条件下，可见块石由迎流面翻滚至坡顶面。

7）各级配条件下，抛石堤坝断面整体基本稳定。在级配比为 1∶1∶2 时，流速为 2m/s 时可见块石少量滚落；其他级配在上述流速条件下发现个别块石发生掀动。

8）不同块石在各施工条件下，均有明显偏移量。其中，1~2in 块石偏移量较大，除流速为 0.5m/s、漏斗底高 2m 条件下之外，其他条件下，该尺寸块石偏移量均超过 2m。

9）根据《防波堤与护岸施工规范》要求，堤坝底护面块石的尺寸不应小于 14in。石料在水中浸透后的强度不应小于 30MPa，且不成片状、无严重风化及裂纹。本工程施工选取无风化的高强度的新鲜石料，且在施工条件允许的情况下，堤身表层块石尺寸尽量大一些。

10）建议在堤顶面宽度为 1m、堤身高度为 1m 条件下，梯形断面坡度不大于 1∶3 为佳，或堤底宽度为 5m 时，应采用抛石自然形成形状，坡度不宜小于 1∶2。

11）建议抛石不分段，堤头段坡度适当放缓，与海底地形平顺过渡，尽量不形成束流状况。堤坝坡脚处护底块石增大尺寸 20%~30%，以抵抗海流冲刷。

12）建议堤心石抛填应选择海流流速不大于 1.4m/s 的时间段施工，并尽量缩短堤心石抛填与外层护面块石的施工时间间隔，保证海底电缆工程安全。

13）建议在海底电缆跨空的工程位置以 1~2in 块石填空，并适当增加 1~2in 块石抛石量，保证电缆之上的保护高度不小于 0.5m，再进行外层抛石。

14）试验显示，当水深小于 15m 时，风暴潮波浪影响明显，在波浪与极限海流共同作用条件下，抛石保护设计方案不能满足工程安全要求。随着水深加大，波浪影响逐步减小。当水深大于 20m 时，波浪作用影响明显小于海流作用影响。因此，本工程设计方案在 40m 以上水深条件下实施，可不考虑波浪的影响，满足工程安全要求。

参 考 文 献

［1］中华人民共和国交通运输部. 防波堤与护岸施工规范：JTS 208—2020［S］. 北京：人民
交通出版社，2020.

［2］MAYNORD S T. Corps of engineers riprap design for bank stabilization［C］. International Water
Resources Engineering Conference，1998.

［3］HEADQUARTERS US ARMY CORPS OF ENGINEERS. Engineer manual：hydraulic design of
flood control channels［M］. Washington D. C.：［s. n］，1994.

［4］WORMAN A. Design relationship for filters in bed protection［J］. Journal of Hydraulic Engi-
neering，1996，122（3）：177-178.

［5］张玮，瞿凌锋，徐金环. 山区河流散抛石坝水毁原因分析［J］. 水运工程，2003（4）：
10-12.

［6］中国水利学会围涂开发专业委员会. 中国围海工程［M］. 北京：中国水利水电出版
社，2000.

［7］岑贞锦，蒋道宇，张维佳，等. 海底电缆检测技术方法选择分析［J］. 南方能源建设，
2017，4（3）：85-91.

［8］SEKI，SHIRAISHI，TAKAHASHI，et al. New fall pipe rock dumping system for protection of
submarine cables［C］.［S. l：s. n］，2012.

［9］张效龙，徐家声. 海缆安全影响因素评述［J］. 海岸工程，2003，22（2）：1-7.

［10］胡蓉，郑伟. 海南联网工程琼州海峡 HVAC 海底电缆保护方案研究［J］. 南方电网技术
研究. 2005（4）：61-64.

［11］梅小卫，何才豪，黄小卫. 海南联网工程海底电缆路由海面监控方案研究［J］. 中国水
运，2011，11（11）：86-87.

［12］赵远涛，罗楚军，李健，等. 海南联网工程海底电缆风险分析［J］. 中国电业（技术
版），2014（10）：70-73.

［13］龙志，袁力翔. 海南电网与南方主网第二回联网工程方案研究［J］. 南方电网技术，
2015，9（4）：80-83.

［14］侯静，魏伟荣，梁羽，等. 深水海底管线抛石保护工程综述［J］. 新技术新工艺，2015
（6）：79-82.

［15］吴庆华，陈建康，郑伟，等. 中国首条 500kV 海底电缆线路工程的设计［J］. 中国电业
（技术版），2014（10）：46-54.

［16］王裕霜. 海底电缆抛石保护工程建设综述［J］. 中国电力教育，2012（3）：51-52.

［17］程志远，李黎，肖鹏，等. DEM-FDM 耦合分析海底管线抛石保护层抗锚害能力［J］. 实
验室研究与探索，2020，39（8）：13-17.

［18］曹雪，尹刚，崔小凡. 深水抛石管强度研究［J］. 船舶工程，2018，40（s1）：314-316.

［19］纪君娜，刘晓青，刘臻. 散抛块石对海底电缆冲击力的计算分析［J］. 海岸工程，2015，
34（4）：48-54.

［20］王裕霜. 500kV 海底电缆后续抛石保护工程建设［J］. 电力建设，2012，33（8）：

116-118.

[21] 李黎，程志远，王腾飞，等. 海底电缆抛石保护层抗锚害能力的数值仿真研究 [J]. 土木工程与管理学报，2013，30（2）：1-5.

[22] 肖鹏. 海底电缆抛石保护层抗锚害能力分析 [D]. 武汉：华中科技大学，2012.

[23] 吴颖君，卢正通，乐彦杰，等. 海底电缆机械冲击建模分析与计算 [J]. 电器工业，2022（12）：35-39.

[24] 邱巍，鲍洁秋，于力，等. 海底电缆及其技术难点 [J]. 沈阳工程学院学报（自然科学版），2012，8（1）：41-44.

[25] 杨巍，马洪新，杨宝峰，等. 基于落石管动力定位抛石船工作原理的浅水精准抛石施工技术 [J]. 石油工程建设，2016，42（4）：23-25.

[26] 国家海洋局. 海底电缆管道路由勘察规范：GB/T 17502—2009 [S]. 北京：中国标准出版社，2010.

[27] MAMATSOPOULOS V A, MICHAILIDES C, THEOTOKOGLOU E E. An analysis tool for the installation of submarine cables in an S-lay configuration including " in and out of water" cable segments [J]. Journal of Marine Science and Engineering, 2020, 8 (1): 48.